中国十大茶叶区域公用品牌之

普洱茶

周红杰　李亚莉·主编

中国农业出版社·北京

图书在版编目（CIP）数据

中国十大茶叶区域公用品牌之普洱茶 / 周红杰，李
亚莉主编. — 北京：中国农业出版社，2021.1
ISBN 978-7-109-25853-2

Ⅰ.①中… Ⅱ.①周… ②李… Ⅲ.①普洱茶-基本
知识 Ⅳ.①TS272.5

中国版本图书馆CIP数据核字(2019)第182005号

中国十大茶叶区域公用品牌之普洱茶
ZHONGGUO SHIDA CHAYE QUYU GONGYONG PINPAI ZHI PUERCHA

中国农业出版社出版

地址：北京市朝阳区麦子店街 18 号楼
邮编：100125
责任编辑：姚佳
版式设计：姜欣　责任校对：赵硕　责任印制：王宏
印刷：北京中科印刷有限公司
版次：2021年1月第1版
印次：2021年1月北京第1次印刷
发行：新华书店北京发行所
开本：700mm×1000mm　1/16
印张：10
字数：198千字
定价：88.00元

本书编委会

主　编：周红杰　李亚莉

编　委（以姓氏笔画为序）：

马玉青　方　欣　邓秀娟　付子祎　伍贤学

苏　丹　李亚莉　李嘉婷　杨方圆　杨杏敏

辛　颖　汪　静　季晓偲　周红杰　施宏媛

高　路　涂　青　陶琳琳　黄刚骅　熊　燕

熊思燕　薛晓霆

总 序

茶产业，是我国农业产业的重要组成部分。习近平总书记高度重视茶产业发展和茶文化交流，他在给首届茶博会发来的贺信中希望，弘扬中国茶文化，以茶为媒、以茶会友，交流合作、互利共赢，共同推进世界茶业发展，谱写茶产业和茶文化发展新篇章。2017年的中央1号文件强调，要培育国产优质品牌，推进区域农产品公用品牌建设，支持地方以优势企业和行业协会为依托打造区域特色品牌，引入现代要素改造提升传统名优品牌，强化品牌保护，聚集品牌推广。为此，农业部认真贯彻落实习近平总书记重要指示精神和中央要求，高度重视茶产业建设和茶业品牌建设，将2017年确定为"农业品牌推进年"，开展了一系列相关活动。同年5月18—21日，农业部和浙江省政府共同主办了首届中国国际茶叶博览会，会上推选出了"中国十大茶叶区域公用品牌"，分别为：西湖龙井、信阳毛尖、安化黑茶、蒙顶山茶、六安瓜片、安溪铁观音、普洱茶、黄山毛峰、武夷岩茶、都匀毛尖。

神州大地，上至中央，下至乡村，各级政府、企业、农户对农业品牌化建设给予了高度重视，上下联动，积极探寻以品牌化为引领，推动农业供给侧结构性改革。为贯彻落实党中央以及农业部"推进区域农产品公用品牌建设"的精神，做强中国茶产业、做大中国茶品牌、做深中国茶文化，助推精准扶贫，带动农业增收致富，中国农业出版社组织编写了"中国十大茶叶区域公用品牌丛书"，详细介绍我国十大名茶品牌，传播茶文化，使广大读者能更好地了解中国十大茶叶区域公用品牌的品质特性与文化传承，提升茶叶品牌影响力、传播茶文化，推动茶产业的可持续健康发展。

　　我们期待"中国十大茶叶区域公用品牌丛书"的出版，能为丰富茶文化宝库和提升茶产业发展做出贡献，能为人民的物质生活和精神财富提供丰富的"食粮"，能为全球人民文化交流和增进友谊带来更多的益处。但是我们也深知"中国十大茶叶区域公用品牌丛书"是一项综合工程，牵涉面很广，有不足之处，恳请诸方家指教。这一出版工程能为繁荣茶文化、促进茶经济献出一份力量，能为"一带一路"建设增添一砖一瓦，我们的目的就达到了。

中国农业科学院茶叶研究所研究员
"中华杰出茶人"终身成就奖获得者　　姚国坤
本丛书主编
2020年6月

序 言

茶叶，是世界三大无酒精健康饮料之一，是继"四大发明"之后，中国对世界的第五大贡献。

普洱茶，是中国云南的"地理标志产品"，具有极高的品牌价值。在"健康产业"蓬勃发展的今日，"茶"这个产业的巨大潜力无疑已成为社会各界人士的共识。习近平总书记强调，"没有全民健康，就没有全面小康"，全民健康是促进人类全面发展的必然要求。

茶，其物种起源地在中国，滇西南地区是茶物种起源和传播的核心区域，有着丰富的茶树种质资源和优良的云南大叶种茶树。茶叶经济曾经一度制擘世界经济的天平，而发源于中国传统文化的茶道精神更是延伸至人类文明的物质、制度、行为、心态各个层面。

普洱茶是最早参与边贸的茶叶，有着深刻的历史文化渊源。云南茶区肥沃的酸性红壤沐浴着热带和亚热带的充足阳光，丛山叠嶂，立体多样，水质清洁，四季温暖无严寒，物种多元，没有污染，生态安全。郁郁葱葱的物种和植被不仅滋养了这里多彩的少数民族文化，更滋润了富有独特风姿的普洱茶文化，这是中华茶文化里的神来一笔。

纵览普洱茶当代经济发展近百年的风云：1940年佛海茶厂建厂；1950年中国茶业公司云南省公司创立；1951年中国茶叶总公司注册中茶品牌；1953年佛海茶厂改为勐海茶厂；1972年成立中国土产畜产进出口公司云南茶叶分公司；1988年大益牌商标启用；1994年筹备股份制，1996年勐海茶叶有限责任公司建立；2004年改制民营……新中国成立以来，中国云南的茶产业正以傲人的姿态腾飞。

茶叶之于云南，已是一项举足轻重的支柱产业。云南全省129个县（市），39.40万平方公里，茶树种植遍布全省15个州（市）110多个县（市、区）；茶区划分为五个，分布在北纬25°以南的滇西和滇南茶区是主产茶区；涉及茶产业的人口达1 100多万人，其中农业人口600多万人。普洱茶，目前以其可观的产值，名列"中国十大茶叶区域公用品牌"之首。伴随着"一带一路"的时代东风，普洱茶产业经济正以更加稳健的姿态继续向上发展。普洱茶，其独特的陈醇香韵、出色的保健价值以及丰富的民族茶文化等，无一不是造就其价值飞升的重要因素。

云南农业大学普洱茶研究院的周红杰教授及其工作室团队，近三十年来深耕于云南普洱茶的研究工作，在自然科学与社会科学方面取得了令人瞩目的成就。特别是普洱茶发酵风味的形成与微生物方面，科学严谨的深入探究和孜孜不倦的文化推介，使得普洱茶和普洱茶文化被更多人了解、熟知。

《中国十大茶叶区域公用品牌之普洱茶》一书，从普洱茶的品牌发展之路、历史渊源、文化传承、原料产地环境、栽培加工措施、储藏管理、品饮品鉴等角度，系统全面地介绍了普洱茶品牌的发展及现状，力图使读者清楚明晰中国十大区域公用品牌之普洱茶。本书分为十个章节，分别介绍了普洱茶的产销状况及品牌价值；普洱茶的历史与传承；普洱茶的产区分布、生长环境与茶园管理；普洱茶的采制管理及深加工利用；普洱茶的冲泡与品赏；普洱茶的包装、选购与储存；普洱茶的文化鉴赏；普洱茶品牌的培育与管理；普洱茶企业与地方经济发展；普洱茶产业的创新与未来发展。

该书的撰写得到云岭产业技术领军人才（发改委〔2014〕1782）项目的支持，周红杰名师工作室团队在周红杰教授和李亚莉教授的带领下，团队成员杨杏敏、杨方圆、李嘉婷、高路、涂青、汪静、付子祎、马玉青、辛颖、季晓偲、陶琳琳、熊燕、熊思燕、方欣、伍贤学、苏丹、邓秀娟、薛晓霆、黄刚骅、施宏媛等研究生共同参与了该书书稿的整理、收集以及校订工作，在此表示衷心的感谢。全书囊括了自然科学、社会科学各个方面知识，是一部系统全面阐述普洱茶的科学读本，既有科学依据，又有理论概括，不失人文之美，是一本可读、可品、可藏的好书。同时，也是一部"一带一路"茶与茶文化的参考书。

盛世兴茶。当代中国正在实现中华民族伟大复兴的道路上大步前进，昂扬的精神面貌与春风化雨的盛世茶文化不期而遇。品饮普洱茶、鉴赏普洱茶、了解普洱茶、热爱普洱茶，最终将与盛世茶文化的洪流一道，汇进时代的交响曲中，一路凯歌，一路茶香！

前　言

　　山堂夜坐，汲泉煮茗，至水火相战，俨听松涛，倾泻入杯，云光潋滟，此时幽雅，未易与俗人言者。茶，即使委身于日间繁芜的烟火气，也着实无半分委屈相——开门七件事，柴米油盐酱醋茶。茶，是俗世烟火中那一抹最动人的风姿。

　　普洱之美，美在积淀，美在回味，美在尾韵。悠远绵长，历久弥香。倾情于普洱，倾心于一种对生命积淀的热忱。

　　自然的钟灵毓秀赋予普洱茶得天独厚的资质，匠心独具的初期加工与后期陈化，赋予普洱茶无与伦比的后天魅力。浸润着岁月的秘香，在它的浓酽和淳厚中，贮藏着时间与生命的重量。

　　普洱茶的绰约，与丰富的人生历练更为相称。岁月的尘埃和命运的沉浮，在静默的普洱茶面前，更像是绝佳的茶点，云淡风轻，字字珠玑。

　　普洱之美，以水纳之，浓淡自相宜。生茶有生茶的烈性，鲜衣怒马，驰骋奔放；熟茶有熟茶的温润，香薄兰芷，气清绝尘。新茶有新茶的鲜涩，青杏枝头，春光无限好；老茶有老茶的韵致，千回百转，不改初心。

　　茶，是茶本来的样子。俗世之事，充饥解渴而已。需求于人而言，真实而有力。

　　普洱之美，美在不辜负。茶人以真心、耐心、诚心、初心待它，它必以真味回报你。土地不会辜负人的汗水；茶，也不会辜负每一颗善待它的真心。从茶园到茶杯，每一段生命旅程，都饱含着事茶之人的付出与心意。当它最终出现在你的面前时，盈盈一握一饼茶所携带的，是动人而又亲切的光辉。

　　"煮水"。初沸如鱼目，微有声。水的柔情升温到热情，恰似心若止水直到心潮澎湃。待到静寂浓情时，一壶春水胜醍醐。"习茶"，忙里偷闲，苦中作乐，目不交睫地看普洱茶烟，一颗劳碌的心灵借此得到治愈，茶叶以静美之姿等待你去发现自己。也许机缘巧合，下一个把盏言欢的刹那，你参透了幸福的真谛，也未可知。毕竟，怦然心动的茶之味，随缘万解。

倘若有机会，请您一定带上这本书亲自去茶山一趟，用脚步去丈量初春的新泥，用双手去感知新芽的绿意，用嗅觉去窃听鲜叶与火焰的密语，用眼睛去爱抚茶叶的涅槃新生，最后用一整颗心去尝试理解茶的言语。再不济，偷得浮生半日闲时，移步琳琅满目的茶叶市场，觅得一张温柔的笑颜，一方安静的茶桌，坐下来，听听普洱茶的细语。茶人随性，不拘小节，即使你中意的那款普洱迟迟不出现，主人也必定会耐心陪你寻觅。

昨日尘埃，沾染在每一块黑褐厚重的普洱茶上，也飘散在每一位搏于生计的茶农鬓角。今日曙光，照耀出一派兴盛的新气象。盛世兴茶，概非虚言。

普洱茶之美，在于真，吐露本真的芳华；普洱茶之妙，在于和，包容儒释道俗雅；普洱茶之味，在于品，淡雅清芬氤氲；普洱茶之情，在于心，心静始得知音。

在这里，让我们一起放下有我之心，空杯以待，普洱茶的世界即将在您的面前开启。

目　录

第一章

茶中精品 普洱茶

一、什么是普洱茶

普洱茶是云南省特有的国家地理标志产品，根据国标《地理标志产品　普洱茶》（GB/T 22111—2008）中对普洱茶的定义："普洱茶是以地理标志保护范围内的云南大叶种晒青茶为原料，并在地理标志保护范围内采用特定的加工工艺制成，具有独特品质特征的茶叶。按照其加工工艺及其品质特征，普洱茶分为普洱茶（生茶）和普洱茶（熟茶）两种类型。"

普洱生茶是以符合普洱茶产地范围内的云南大叶种晒青茶作为原料，经蒸压成型后进行自然干燥及一定的时间贮放形成的；普洱熟茶是以符合普洱茶产地范围内的云南大叶种晒青茶作为原料，经适度潮水渥堆后，通过微生物发酵作用形成半成品后筛分形成级号散茶（熟茶散茶），再蒸压形成砖、饼、沱、柱整形茶（即熟茶紧压茶），熟茶品质形成的主要原因是微生物和湿热作用。

❦ 普洱生茶　　　　❦ 普洱熟茶散茶　　　　❦ 普洱熟茶紧压茶

普洱生茶和普洱熟茶的原料均为云南大叶种晒青毛茶。普洱生茶以自然的方式存放，干茶色泽墨绿，滋味浓强回甘，茶汤黄亮，香气清纯。长期储藏的生茶滋味会越来越醇厚，汤色由黄逐渐变深转至橙红；而普洱茶熟茶则是晒青毛茶原料经过后期渥堆发酵之后形成的茶，其色泽红褐，滋味浓醇，并具有独特的陈香。普洱茶熟茶茶性温和，有养胃、护胃、暖胃、降血脂、减肥等保健功能。

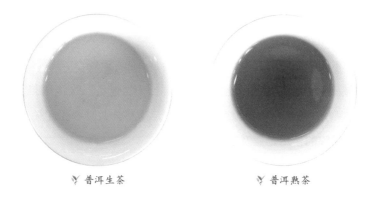

❦ 普洱生茶　　　　　　　　❦ 普洱熟茶

二、普洱茶的品牌价值

（一）品牌与公共品牌

1.品牌　品牌是经济学上的一种概念，最早起源于古斯堪的纳维亚语"brandr"，英文表述为"Brand"，源于意为"燃烧"，并延伸为"打上烙印"，其目的已经涵盖了标记、识别、区分的意思。1960年，美国市场营销协会(AMA)对品牌进行了权威定义：品牌是一种名称、名词、标记或设计，或是它们组合，其目的是识别某个销售者或某一群销售者的产品或劳务，并使之与其他销售者的产品和劳务区别开来。简单来说，就是指消费者对不同的产品及产品系列的认知程度，是企业参与市场竞争、提高产品知名度的一种手段。在普洱茶的品牌市场中，有以企业名称为主的品牌如"大益""中茶""陈升号""下关沱茶"等，也有以普洱茶产地名称为品牌的如"冰岛""老班章""千家寨""老曼娥"等，也有以现代科技手段为品牌名称的如"科技普洱"等。这些品牌的出现，丰富了普洱茶市场，进一步提高了普洱茶的综合价值。

2.公共品牌　品牌从经济领域进入到公共领域就成为公共品牌，区别于行业品牌和企业品牌，是一个地区区域特征和整体形象，是指某个地区的特色"产业集群"，它象征着该产业集群的历史与现状，是由区域（地名）和产业（产品）名称构成的识别系统，在法律上表现为证明商标或集体商标。公共品牌和（企业/产品）品牌的根本差异在于前者是服务性的，后者是盈利性的。公共品牌的拥有者是非营利组织（NPO），而非营利组织的根本特性在于提供公共服务，因此，公共品牌不同于品牌的基本特点是服务性。

公共区域品牌包括品牌区域范围内的如"云南普洱茶""信阳毛尖""西湖龙井""安溪铁观音"等都带有区域品牌的性质，这些公共品牌受相关政府和协会管理，同时使品牌的使用企业及茶农从中受益。

普洱茶因其独特的产品特性受到世界各国人民的喜爱，普洱茶公共区域品牌的形成，对于普洱茶在全国乃至世界的传播具有重要的意义。

（二）品牌价值

1.品牌的价值　品牌价值是品牌管理要素中最为核心的部分，也是品牌区别于同类竞争品牌的重要标志，是一种超越产品实体以外的价值。品牌价值与品牌名称、标识、感官等品牌自身属性相关，更与品牌认知度、美誉度、忠诚度及消费者对品牌的印象及接纳等市场属性相连。品牌价值具有给品牌持有者带来利润并推动其发展、能够给消费者带来效用并形成需求的满足的作用。

综合认为，品牌价值是品牌持有者除了自身有形的产品所附带的本身的使用价值以外的其他无形的价值，由信誉度、知名度以及产品品牌的消费者喜爱度等方面组成。品牌的价值大小不仅仅与品牌持有者自身长期的管理有关，也与长期以来消费者的购买、使用、对品牌的印象有关。

2.普洱茶品牌价值　"普洱茶"作为云南代表性茶叶公共品牌，其注册商标持有者为云南省普洱茶协会。目前已有上百家单位取得"普洱茶"地理标志证明商标认证，并与之签订了《普洱茶证明商标使用许可合同》许可其使用"普洱茶"证明商标和地理标志产品专用标志。"普洱茶"商标的注册为云南省普洱茶行业的发展提供更加有效的市场环境和条件，使普洱茶的发展不断规范化、科学化。

"普洱茶"地理标志证明商标

地理标志产品"普洱茶"公共品牌的形成和规范化不仅为普洱茶生产企业带来了经济效益，也使云南省普洱茶生产和市场不断规范化。近年来，云南省普洱茶产业的不断增加以及各普洱茶生产企业的不断努力，普洱茶品牌的价值逐年提高。2018—2019年，全国茶叶公共品牌价值评选中，云南普洱茶品牌价值进一步提高，分别达到64.10亿元和66.49亿元，两次位居全国优秀茶叶品牌价值榜首和第二，多次被评为"品牌价值前十的品牌"以及"最具品牌带动力的品牌"。

2019年中国茶叶区域公用品牌价值排行前十

单位：亿元

序号	品牌名称	品牌价值
1	西湖龙井	67.40
2	普洱茶	66.49
3	信阳毛尖	65.31
4	福鼎白茶	44.96
5	洞庭山碧螺春	44.49
6	大佛龙井	43.04
7	安吉白茶	40.92
8	蒙顶山茶	33.65
9	六安瓜片	33.25
10	安化黑茶	32.99

数据来源：《中国茶叶》杂志。

公共品牌价值的不断提高，使得大部分的生产企业都能从这一公共品牌中受益。建立公共品牌，最终给相关生产企业和地区带来利益，从而进一步提高普洱茶品牌的价值。随着近年来云南省政府的大力支持和倡导，普洱茶产品质量不断提高，茶叶市场越来越规范化，普洱茶产品越来越受到全国各地茶人和消费者的喜爱，"普洱茶"公共品牌价值不断提高，进一步带动云南省茶产业的发展和相关从业者的收入，普洱茶公共品牌的作用日益突出。

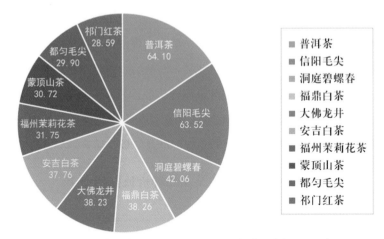

祁门红茶 28.59
都匀毛尖 29.90
蒙顶山茶 30.72
福州茉莉花茶 31.75
安吉白茶 37.76
大佛龙井 38.23
福鼎白茶 38.26
洞庭碧螺春 42.06
信阳毛尖 63.52
普洱茶 64.10

图例：
■ 普洱茶
■ 信阳毛尖
■ 洞庭碧螺春
■ 福鼎白茶
■ 大佛龙井
■ 安吉白茶
■ 福州茉莉花茶
■ 蒙顶山茶
■ 都匀毛尖
■ 祁门红茶

2018 年中国茶叶区域公用品牌价值排行前十（单位：亿元）

（三）普洱茶品牌的地位和作用

1. 普洱茶品牌在中国茶产业中的地位和作用　中国是茶的故乡，茶作为我国重要的经济作物，占据整个国民经济水平的重要地位。我国茶产业发展过程中，出现了各种不同的茶种类和品牌，普洱茶作为云南省特有的茶品牌，在整个中国茶产业的发展过程中，发挥着极其重要的作用。

（1）普洱茶品牌在中国茶产业中的地位。根据国家统计局数据显示，2018年我国茶叶总产量261.6万吨，相比去年增产12万吨，增幅4.8%。而普洱茶在2018年全年的总产量约14.30万吨，占全年我国茶叶总产量的5.4%，同比上年增长一个百分点。从近几年普洱茶在全国范围内的销售情况来看，呈现持续上升的态势。

目前，云南省区域品牌体系建设在省政府以及其他各部门的积极推动和宣传下，已经建立起公共品牌、企业品牌协同发展的格局，其中公共品牌"普洱茶"在各级政府和相关的茶叶组织的大力宣传和推动下，发展较快。根据近年来普洱茶市场情况，普洱茶在未来的一段时间内，在我国的茶产业发展进程中具有良好的发展前景和趋势。

（2）普洱茶品牌在中国茶产业中的作用。普洱茶作为中国特色茶类的一种，对中国的茶产业具有重要的作用。近年来，普洱茶品牌的发展无论是从经济层面，还是文化层面，都取得了较高的成就，其在一定程度上推动了整个中国茶产业的发展和茶文化的传播。

第一，进一步提高我国茶产品的出口比。普洱茶作为中国十大名茶之一，其独特的品质受到广大茶叶爱好者的喜爱。在国外，很多人开始接触和喜欢普洱茶。有数据显示，2018年我国普洱茶年出口量0.3万吨，出口额0.28亿美元，出口量同比增长9.1%，是除乌龙茶和花茶外出口增长最快的茶类，普洱茶逐渐成为国际畅销茶品牌。普洱茶品牌的发展和知名度的提高，有利于进一步提高我国茶叶的出口量，促进我国茶产业走向国际。

第二，提高我国茶叶消费水平，促进我国茶产业消费重心的转移。在过去，品饮普洱茶的消费者主要集中在我国的南方，即广东、香港以及台湾一带，所以普洱茶的发展重心也集中在南方。近年来，更多北方人开始认识和接触普洱茶，在东北地区、河北以及山东等地，很多人开始喝普洱茶，普洱茶独特的降血压、降血脂的功效得到人们的广泛认可。普洱茶品牌的发展有助于进一步提高我国北方的饮茶消费能力，促进整个茶产业的发展和扩大。

第三，促进我国茶文化的传播。随着普洱茶被越来越多的人认识和熟知，普洱茶相关的饮茶文化也逐渐走入大众视野。目前，市场上有关普洱茶的书籍一度畅销，很多消费者为了了解普洱茶会购买有关书籍，了解普洱茶的发展历史以及加工方法和冲泡技巧等。有关普洱茶文化等方面的培训越来越受到全国各地茶叶爱好者的喜爱，很多少数民族茶艺在这里逐渐走到大众的视线当中。很多人不远千里来到云南参加相关的学习和培训，甚至一些国外的茶叶爱好者也不远万里来到云南，亲自去茶山体验采茶制茶，重走茶马古道，体验普洱茶的历史发展轨迹，从而熟悉普洱茶、了解普洱茶文化。

第四，提高政府税收，促进国家经济发展。普洱茶品牌知名度的提高，进一步增加了普洱茶产业的经济效益，促进相关茶产业及其附属产业的发展，提高了普洱茶相关企业的效益，进一步增加了政府的税收，带动中国茶产业经济的不断提高。

第五，助力"一带一路"，发展国际茶叶贸易。随着国家"一带一路"倡议的推进，云南省作为陆上丝绸之路的必经之地，对带动省内产业发展投资提供了良好的机遇。普洱茶地处云南，是中国西南地区通往东南亚的通商口岸，普洱茶的发展将会带动中国内地其他茶产业向东南亚拓展和"走出去"，为中国发展东南亚地区的茶叶贸易提供了有效纽带，普洱茶品牌的不断发展，对于应对和迎合当前国家提出的"一带一路"倡议具有重要的意义，普洱茶的发展也将借助这一经济纽带迎来又一个春天。

2.普洱茶品牌在云南省茶产业中的地位和作用　云南是世界茶树原产地，种植、加工和利用茶叶的历史悠久。云南茶叶在资源、品种、土壤、气候环境等方面都具有得天独厚的优势，在国内外市场上有着较强的竞争力。茶叶作为云南三大经济农作物之一，是云南传统特色农产品和云南区域性的重要支柱产业之一，是山区发展"三农"和脱贫致富奔小康及社会主义新农村建设不可替代的经济作物，是农业、农村经济发展重要的支撑产业和茶区群众经济收入和地方财政的主要来源，在农业产业结构调整、生态保护、农民增收和出口创汇等方面具有十分重要的地位和作用。"普洱茶"作为云南省代表性茶叶公共品牌，在云南省整个茶产业的发展中具有极其重要的地位和作用。

（1）普洱茶品牌在云南省茶产业中的地位。

第一，普洱茶生产规模大。据数据统计显示，2018年云南省茶叶总产量39.83万吨，同比增长3.6%。其中普洱茶产量14.3万吨，同比增长2.9%，占云南省茶叶总产量的35.9%，同比增长1.3个百分点。普洱茶在云南省茶叶产量的比重进

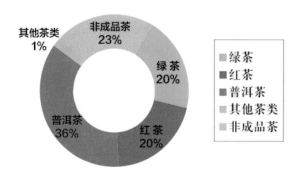

2018年云南省茶加工业主要产品茶类结构
数据来源：云南茶叶流通协会。

一步增加。全省大多数州市县均有普洱茶的生产，其中凤庆县、勐海县、昌宁县、临翔区、云县、思茅区、双江县、镇康县、永德县、景谷县、澜沧县、龙陵县、景东县、南涧县14县（区）荣获2018年度全国茶产业百强县。由此可见，普洱茶作为云南省独有的茶叶品牌，在云南省茶产业发展中占据着举足轻重的地位。

第二，普洱茶品牌影响力强。2016年中国地理标志产品区域品牌类价值评价信息发布会发布，云南省普洱市、临沧市、西双版纳傣族自治州三地"普洱茶"地理标志产品核心产区品牌价值评价达612.73亿元，占据此类品牌价值排行榜第6位，展示了云南省普洱茶品牌在全国的良好品牌形象和价值。2018年，"中国品牌价值评价信息发布暨第二届中国品牌发展论坛"在上海举行。大会发布了2018中国品牌价值榜单，"普洱茶"再次荣登2018年区域品牌（地理标志产品）百强榜，排名第7位。

第三，普洱茶生产规模化企业众多。在云南省普洱茶产业的发展过程中，涌现出了大批的茶叶生产企业。目前，全省规模化以上（年产值1 000万以上）茶叶企业180多户，获"国家农业产业化重点龙头企业"4户，"省级龙头企业"75户。南涧县荣获2017年度中国茶旅融合竞争力全国十强县，云南下关沱茶（集团）股份有限公司、云南双江勐库茶叶有限责任公司、云南白药天颐茶品有限公司、云南六大茶山茶叶股份有限公司、勐海陈升茶业有限公司、普洱茶集团有限公司、云南农垦勐海八角亭茶业有限公司、云南中吉号茶业有限公司、云南龙生茶叶股份有限公司等10个企业荣获2017年全国茶叶行业百强企业。这些企业的发展为普洱茶品牌在全国乃至国外的知名度及品牌价值的提升发挥了重要作用。

第四，普洱茶品牌知名度逐渐提升。随着云南省茶企业的持续发展和品牌化战略的进一步执行，云南省政府相关部门协同企业一起不断发展和扩大地区企业品牌影响力，使越来越多的品牌企业开始在全国的消费者耳中涌现。目前，全省茶叶企业获"国家农业产业化重点龙头企业"4家、"中国驰名商标"12件，"省级龙头企业"60余家，"省著名商标"新申请认定23件。临沧市积极推进"全国滇红茶产业知名品牌创建示范区"建设；普洱市大力打造景迈山古茶林普洱茶品牌；西双版纳州勐海县"勐海茶"获国家地理标志证明商标并启用，打造"全国普洱茶产业知名品牌创建示范区"；保山市昌宁县"昌宁红"、德宏州梁河县"梁河回龙茶"等区域品牌建设持续推进。云南茶叶公共品牌、区域品牌知名度和影响力进一步提升。

（2）普洱茶品牌在云南省茶产业中的作用。

第一，促进云南茶产业的发展。云南是中国重要的茶叶生产基地和普洱茶生产大省，茶叶生产在云南地方经济中占重要位置，茶产业已发展成为云南高原特色农业的重要组成部分。随着普洱茶品牌的不断火热，目前，云南省共计129个县市区，产茶的多达110多个，涉及茶农600多万人，涉茶人口达1 100多万人，占云南总人口的近1/4，茶产品已远销40多个国家和地区。临沧市、普洱市、西双版纳傣族自治州、保山市、德宏傣族景颇族自治州、红河哈尼族彝族自治州、文山壮族苗族自治州、大理白族自治州、玉溪市、楚雄彝族自治州、曲靖市11个地区的茶叶产量约占云南省茶叶总产量的九成。

据云南省农业厅行业统计，2018年云南省茶叶种植面积630万亩*，采摘面积达600万亩，较去年分别增长1.7%和2.6%，综合产值达843亿元，较2017年增加13.6%，茶农人均来自茶产业收入由去年的3 280余元增加到3 630元，增长了10.7%，产业规模进一步扩大，产业价值不断提高。普洱茶品牌价值的提升为云南省茶叶产业的发展带来了较高的经济效益。

第二，提高云南普洱茶的市场知名度。从20世纪70年代至今，我国港、澳、台地区及东南亚多个国家城市以及欧洲一些国家兴起了普洱茶热，为云南省乃至全国茶产业的发展带来了大好的机遇，开拓了我国茶叶市场。随着我国茶叶市场的放开，许多茶产区政府加大对茶产业的投入。1997年广东芳村南方茶业批发市场有普洱茶经销的店不到5%，2000年发展到40%，2003年近60%，2005年达90%以上，在茶叶批发市场自身不断扩大的基础上经销普洱茶的店还在不断地增加。同时，普洱茶品牌价值的提升，使越来越多的消费者认识并熟悉普洱茶，提高了普洱茶的市场知名度，普洱茶逐渐成为云南省的一张名片。

第三，促进云南茶产业向多元化发展。在云南省众多的茶企业当中，大多企

---

* 亩为非法定计量单位，1亩=1/15公顷。 ——编者注

业都享受着"普洱茶"这一公共品牌所带来的无形利益，茶生产企业及品牌也不断增加和扩大，相关产品的生产、服务业、文化产业（如茶具、茶艺表演、茶艺用具、茶馆茶室、包装、包装设计、茶艺技能培训）等也都随之发展起来。目前纵观茶叶市场，茶具店、茶叶包装店比比皆是，茶馆茶室也随处可见，这一系列的茶相关行业的发展，离不开普洱茶品牌的带动和影响，这成为云南茶产业发展中的重要组成部分，对带动云南省市场经济的发展，提高政府税收具有重要的意义。

第四，有利于普洱茶无形资产的开发利用。品牌是无形资产，是企业拥有的资产，随着企业品牌知名度的不断发展和提高，茶叶产品需求就会增加，未来的茶叶品牌的价格也会随之上涨，带动企业效益，提高企业收入。公共品牌是政府拥有的无形资产，公共品牌管理得当，能够带给地方政治、经济、生态效益。近年来，随着普洱茶品牌知名度的不断提高，普洱茶总体价格也呈现逐步上升趋势，茶农收入、茶企收入得到显著提高，也进一步提高了政府的税收以及地方的知名度。普洱茶品牌，无论是生产、流通，还是销售中的各个环节、部门、单位、企业都可以享受到公共品牌带来的公共利益，从而使自己的无形资产品牌得到充分的利用。显而易见，大多数品牌经营好了，整个茶产业的竞争力就会提高，从而保证普洱茶产业的可持续发展。

第五，促进云南旅游业的发展。近年来，云南省自然景观旅游的不断火热，越来越多的人来到云南旅游，带动了云南省经济的发展。云南茶园旅游观光作为云南省旅游规划中的重要组成部分，伴随着云南普洱茶品牌形象向全国乃至全世界的不断扩大和传播，越来越多的人通过对"普洱茶"这一品牌形象的熟知和了解，开始偏向于对普洱茶的生产种植茶园感兴趣，使得云南省旅游业的发展多了一条可供选择的途径。云南省依托普洱茶品牌的发展，开展茶园观光旅游，对提高本省旅游业的多元化发展具有重要的作用。

三、普洱茶的产业概况

（一）生产概况

云南省位于我国西南边境，全省南部地区坐落在北回归线上，北依川藏边界，东部与贵州相接，南临缅甸、越南等国。全省多山地地貌。受东、西南季风以及西藏高原区的影响，形成了云南省复杂多样的自然地理环境，全省大部分地区都处在适宜茶树种植的区域，有植物王国之称。由于云南具有较为显著的立体气候特征，造成十里不同天的气候现象，具有十分明显的小地区气候特征，因此只有极少部分地区处在不适宜种植茶树的区域。

普洱茶是云南省特有的国家地理标志产品，种植区域主要集中在云南省的普洱市、临沧市、西双版纳州、保山市以及德宏州等11个地州，75个县，639个乡镇。近年来，普洱茶产量持续增长。据数据统计显示，2018年云南省普洱茶产量14.3万吨，同比增长2.9%，占云南省茶叶总产量的35.9%，同比增长1.3个百分点，普洱茶在云南省茶叶产量的比重进一步增加。

2010—2018年普洱茶生产情况

单位：万吨

年份	2010	2011	2012	2013	2014	2015	2016	2017	2018
产量	5.1	5.6	8.1	9.7	11.4	12.9	13.4	13.9	14.3
同比增长	13.3%	9.8%	44.6%	19.8%	17.5%	12.8%	3.9%	3.7%	2.9%

资料来源：云南省茶叶流通协会。

随着云南省普洱茶品牌价值的不断提高，摆在普洱茶产业面前的是对质量、产量以及品牌影响力的进一步挑战。近年来，普洱茶的影响力不断扩大，有关普洱茶的研究也越来越多，这些研究贯穿着普洱茶生产的各个环节，对普洱茶进一步发展提供了巨大的发展前景。

（二）加工概况

普洱茶的加工工艺有两种：一是用云南大叶种晒青茶为原料，直接蒸压成形的普洱茶(生茶)；二是采用云南大叶种晒青茶，经过潮水渥堆发酵制成的普洱茶（包括熟茶散茶和熟茶紧压茶）。

目前，云南省已有茶叶初制所8 000余个，精制企业1 000余家，大规模茶叶企业百余家，亿元以上企业24家，年精深加工能力达30余万吨，其加工规模居全国第二，加工装备水平全国前茅，产业集中度明显提升。

随着现代科技的发展，一些新技术、新手段逐渐被应用到普洱茶的加工过程当中。普洱茶加工的安全化、清洁化、自动化与数字化方式逐渐取代传统的手工加工方式，成为当前的主流。茶叶加工设备运用更多的科技手段，更加智能化和标准化的机械逐渐被使用，从而进一步提高了生产效率和产品质量，整个普洱茶加工技术的发展逐渐走向标准化和规范化。一方面，普洱茶产品的加工从种植到销售实现可追踪控制，一定程度上保证了产品质量，推动了产业的良性发展；另一方面，利用现代生物工程和生物技术的原理，定向生产符合需要的特殊微生物发酵工程菌种，为工业化大生产提供微生物发酵制剂的发酵关键技术。除此之外，近年来，随着茶叶加工机械的发展，各种茶叶机械或设备应运而生，在提高安全清洁方面，有不少研究成果。

近年来，随着云南普洱茶企业加工技术和水平的发展，普洱茶产品的产量和质量逐年提升，产量多次突破十余万吨，成为云南的主要茶叶产品，在云南省茶产业中占据主要地位。

（三）销售概况

近几年来网络中普洱茶搜索指数不断上升，可以看出普洱茶的需求正在上升，消费人群正在扩大，普洱茶逐渐成为当下的热销产品。选择普洱茶的消费者更关心的是普洱茶的功效、品牌、价格等方面的内容，特别是普洱茶的保健功效与收藏价值逐渐成为广大消费者选择和购买的主要因素。

1. 内销市场　随着云南省不断加大"走出去"战略的力度，云南茶叶市场营销网络覆盖全国各省区市，并逐渐发展到二、三线城市，消费者由过去集中在华南、西南地区逐渐扩展到西北、东北、华北地区。目前，全国拥有的普洱茶销售代理点、经销点、营销人员数万之多，普洱茶互联网营销模式逐渐成为当下普洱茶销售模式的主流。

普洱茶在国内的销售情况主要集中在云南以及广西、广东等地。有研究表明，对普洱茶的需求量最高的是云南及广东地区，其次是广西、上海等地，再者是天津、辽宁、山东、北京等地，由此可以看出，普洱茶的消费者在不断向北方发展和扩大。且就普洱茶品牌方面而言，云南普洱茶传统老品牌"大益"和"下关沱茶"，以及普洱茶新生品牌"润元昌"与"陈升号"等关注度较高。

目前，省外普洱茶消费市场最大的地区仍然是广东，数据显示，每年要销往广东省的普洱茶达云南省普洱茶总产量的60%～70%，其中部分通过广东出口到我国的港、澳、台地区以及国外的东南亚地区等。年销量逐年上升，销售价格也随之不断提高。随着目前普洱茶市场的热销，未来普洱茶销售将会持续增加并在一定程度上保持稳定，普洱茶销售势头向好。

2. 外销市场　云南省普洱茶在国外的销售情况主要集中在南亚、东南亚等国家。据海关统计显示，云南省普洱茶出口大国日本、韩国等地区近年来对普洱茶的需求量有所放缓。有数据显示，2018年云南省普洱茶出口量为0.3万吨，较2017年下降0.03万吨，出口均价9.44美元／千克，降幅为13%，普洱茶出口量占全国茶叶出口总量的0.8%。究其原因主要有以下几个方面：一是近年来普洱茶的价格上涨，一定程度上抑制了市场的需求，导致茶叶出口贸易量的下降，二是欧盟、日本等国外茶叶农残检测标准的变化；三是日本国内市场不景气，消费能力疲软等。

（四）消费概况

一方面，随着普洱茶品牌价值推广的不断加大以及饮茶方式的变化，普洱茶的市场占有率逐年提升。袋泡普洱茶、普洱茶膏、茶粉逐渐受到年轻消费者的喜爱。普洱茶独特的减肥功效让越来越多的年轻群体接触和了解普洱茶，使普洱茶在年轻人市场中逐渐取得较好的成绩。普洱茶的消费群体逐渐偏向年轻化发展，新型的消费模式将逐渐走入大众年轻人的生活当中。

另一方面，普洱茶具有的"越陈越香"的独特品质，使普洱茶的消费群体聚集了一大批以收藏和品鉴为目的的消费者市场，很多消费者购买普洱茶进行收藏以期不断增值和提高品质。

近年来，"互联网＋"的营销模式逐渐成为茶叶销售的热门，越来越多的普洱茶生产者及经销商开始重视互联网电商优势，开展新的销售模式，进一步扩大了普洱茶的消费群体。

第二章
普洱茶的历史及传承

一、普洱茶历史

（一）普洱茶溯源

Ⅴ 普洱茶饼

普洱茶相传是三国时期的"武侯遗种"，武侯就是诸葛亮（字孔明）先生，相传他在公元225年南征（今西双版纳地区），基诺族深信武侯植茶树为事实，并世代相传，祀诸葛孔明先生为"茶祖"，每年加以祭拜。唐朝咸通三年(862)樊绰出使云南，在他所著的《蛮书》卷七中有记载："茶出银生城界诸山，散收无采造法。蒙舍蛮以椒姜桂和烹而饮之。"这就证明了唐代时期云南已经生产茶叶。

唐代(618—907)主产于西双版纳的普洱茶就已销往四面八方。阮福《普洱茶记》记载："西蕃之用普茶，已自唐时。"西蕃指的是现在的贵州、四川、云南等少数民族地区。

《普洱茶记》

普洱茶名遍天下。味最酽，京师尤重之。福来滇，稽之《云南通志》，亦未得其详，但云产攸乐、革登、倚邦、莽枝、蛮砖、慢撒六茶山，而倚邦、蛮砖者味最胜。福考普洱府古为西南夷极边地，历代未经内附。檀萃《滇海虞衡志》云：尝疑普洱茶不知显自何时。宋范成大言，南渡后于桂林之静江以茶易西蕃之马，是谓滇南无茶也。李石《续博物志》称：茶出银生诸山，采无时，杂椒姜烹而饮之。普洱古属银生府，西蕃之用普茶，已自唐时，宋人不知，犹于桂林以茶易马，宜滇马之不出也。李石亦南宋人。本朝顺治十六年平云南，那酋归附，旋判伏诛，遍历元江通判。以所属普洱等处六大茶山，纳地设普洱府，并设分防。思茅同知驻思茅，思茅离府治一百二十里。所谓普洱茶者，非普洱府界内所产，盖产于府属之思茅厅界也。厅素有茶山六处，曰倚邦，曰架布，曰嶍崆、曰蛮砖、曰革登、曰易武，与《通志》所载之名互异。福又捡贡茶案册，知每年进贡之茶，例于布政司库铜息项下，动支银一千两，由思茅厅领去转发采办，并置办收茶锡瓶缎匣木箱等费。其茶在思茅。本地收取新茶时，须以三四斤鲜茶，方能折成一斤干茶。每年备贡者，五斤重团茶、三斤重团茶、一斤重团茶、四两重团茶、一两五钱重团茶，又瓶装芽茶、蕊茶、匣盛茶膏，共八色，思茅同知领银承办。《思茅志稿》云：其治革登山有茶王树，较众茶树高大，土人当采茶时，先具酒醴礼祭于此；又云茶产六山，气味随土性而异，生于赤土或土中杂石者最佳，消食散寒解毒。于二月间采蕊极细而白，谓之毛尖，以作贡，贡后方许民间贩卖。采而蒸之，揉为团饼。其叶之少放而犹嫩者，名芽茶；采于三四月者，名小满茶；采于六七月者，名谷花茶；大而圆者，名紧团茶；小而圆者，名女儿茶，女儿茶为妇女所采，于雨前得之，即四两重团茶也；其入商贩之手，而外细内粗者，名改造茶；将揉时预择其内之劲黄而不卷者，名金玉天；其固结而不改者，名疙瘩茶。味极厚难得，种茶之家，芟锄备至，旁生草木，则味劣难售，或与他物同器，则染其气而不堪饮矣。

宋代(960—1279)，普洱茶成为"易西蕃之马"之物，当时大理国除了进行川滇藏茶马交易外，还派使臣到广西以普洱茶与宋朝静江军作茶马交易。运至中原和江南一带的普洱茶，是上乘的"紧团茶"，又称"圆茶"。宋朝名士王禹系品尝了芬芳浓郁的普洱茶后，写了一首赞美诗："香于九畹芳兰气，圆如三秋皓月轮，爱惜不尝唯恐尽，除将供养白头亲。"诗中所指"圆如皓月"，就是普洱紧团茶。

元代(1271—1368)，普洱茶已成为市场交易的重要商品。元代李京在《云南志略诸夷风俗》说："交易五日一集，以毡、布、茶、盐相互贸易。"民间在普洱进行茶叶交易的年代甚为久远。《滇云历年志》载："六大茶山产茶 ……各贩於普洱。……由来久矣。"

明代(1368—1644)，普洱茶这一名词正式载入史书，明人谢肇淛在《滇略》

中说："士庶所用，皆普茶也。"《新纂云南通志》指出："'普洱'之名在华茶中所占的特殊位置，远非安徽、闽浙可比。"明代至清代中期是普洱茶的鼎盛时期，因为作为贡茶，很受朝廷赞赏，便极大地促进了普洱茶的发展。此时，以"六大茶山"为主的西双版纳茶区，年产量约8万担，达历史最高水平。

清代（1644—1911）据史料记载，清顺治十八年（1661），仅销往西藏的普洱茶就达3万担之多。同治年间(1862—1874)，普洱茶的生产仍然兴旺，仅曼撒茶山(易武)就年产5 000余担。在西双版纳广袤的沃土上几乎家家种茶、制茶、卖茶。茶山马道驼铃终年回荡，商旅塞途，生意十分兴隆。清雍正七年(1729)清政府派往云南的总督鄂尔泰在云南少数民族地区推行改土归流政策(设官府，置流官，驻军队以加强行政统治)，在普洱设置"普洱府治"。在攸乐山(现为景洪市基诺族乡，六大茶山之首)设置"攸乐同知"，驻军五百，防守茶山，征收茶捐。在勐海、勐遮、易武、倚邦等茶山，设置"钱粮茶务军功司"，专管粮食、茶叶交易。乾隆元年(1736)撤销攸乐同知，设置思茅同知，并在思茅设官茶局，在"六大茶山"分设"官茶子局"，负责管理茶叶税收和收购。在普洱府道设茶厂、茶局统一管理茶叶的加工制作和贸易，一改历代民间贩卖交易为官府管理贸易，普洱便成为茶叶精制、进贡、贸易的中心和集散地。于是普洱茶这一美名，便名震天下。正如清人檀萃在《滇海虞衡志》所云："普茶名重天下，出普洱六大茶山，一曰攸乐、二曰革登、三曰倚邦、四曰莽枝、五曰蛮砖、六曰曼撒。周八百里，入山作茶者数十万人，茶客收买，运於各处，可谓大钱矣。"

（二）"普洱茶"名来源

"普洱茶"名历史久远，"普洱"为哈尼语，意为"水湾寨"，带有亲切的"家园"的含义。历史上的普洱茶，是指以"六大茶山"为主的西双版纳生产的大叶种茶为原料制成的青毛茶，以及由青毛茶压制成各种规格的紧压茶。据考证，银生城的茶应该是云南大叶茶种，也就是普洱茶种。历史记载说明，早在1 100多年前，属南诏"银生城界诸山"的思普区境内，已盛产茶叶。银生城（今云南景东）为南诏南方重镇和对婆罗门、波斯、阇婆、勃泥、昆仑等地贸易之所。所以银生城所产的茶叶，应该是普洱茶的先祖。宋朝李石在他的《续博物志》一书也记载了："茶出银生诸山，采无时，杂菽姜烹而饮之。"中国茶叶的兴盛，除了中华民族以饮茶为风尚外，更重要的因为"茶马市场"以茶叶易西蕃之马，对西藏的商业交易开拓了对西域商业往来的前景。元朝在整个中国茶文化传承的起伏转折过程中是个平淡的朝代，可是对普洱茶文化来说，元朝是一段非常重要的时期。元朝有一地名叫"步日部"，由于后来写成汉字，就成了"普耳"（当时"耳"无三点水），普洱一词首见于此，从此得以正名写入历史。没有固定名称的云南茶叶，也被叫作"普茶"，逐渐成为西藏、新疆等地区市场买卖的必需商品。"普茶"一词也从此名震国内外，直到明朝末年，才改叫普洱茶。

明朝万历四十八年(1620)，谢肇淛在他的《滇略》中有记载："士庶用，皆普茶也，蒸而成团"，这是"普茶"一词首次见诸文字。明代，茶马市场在云南兴起，来往穿梭于云南与西藏之间的马帮如织。在茶道的沿途上，聚集形成许多城市。以普洱府为中心点，通过古茶道和茶马大道极频繁的东西交通往来，进行着庞大的茶马交易。清朝时普洱茶则脱胎换骨，不但广受海内外人们喜爱，更成为备受宫廷宠爱的贡茶。

二、普洱茶发展

云南是世界茶树原生地，有三条依据：一是从文献古籍的记载，二是原生树的发现，三是语音学的源流考证。普洱茶历史非常悠久，根据最早的文字记载——东晋·常璩《华阳国志》推知，早在 3 000 多年前武王伐纣时期，云南种茶先民濮人已经献茶给周武王，只不过那时还没有普洱茶这个名称。云南现存的古茶树——千家寨大茶树，其树龄为 2 700 年，是迄今为止世界上公认发现的最古老的古茶树之一。普洱茶是在一定历史条件下形成的一类专有名词，"普洱"一词应当原本是指普洱人，原为哈尼语的地名。即先有普洱人（濮人——是当今布朗族、德昂族及佤族等西南少数民族的先民），后有普洱这一地名，再后有普洱人种的普洱茶。由此确定，我国云贵高原为茶的原产地，也是普洱茶的故乡。

唐朝时期，普洱茶开始了大规模的种植生产，称为"普茶"。从樊绰写成于唐咸通三年（862）的《蛮书》中"散收，无采造法"可以看出当时云南茶的加工是十分简单原始的，而当时唐朝内地的制茶工艺相对完善，相比之下云南地区制茶工艺则要粗犷许多。《茶经·三之造》就记载了唐朝制茶的基本程序：采下来的茶叶先经过蒸青、研捣，放入模具内压制成饼状，烘焙干燥，并穿孔串在一起，密封保存。

直到宋明时期茶叶贸易的进一步发展，中原地区开始逐渐普及普洱茶，问题随之而来，由于内地对普洱茶陷入过分追逐奢侈和争奇斗异的境地，政府下令将原有的饼状和团状茶改良为进贡散茶。而在远离中央政权的云南，在内地饼茶被废除的时候，这项带着浓厚唐宋韵味的制饼技艺却得到蓬勃发展。明万历年间谢肇淛的《滇略》："滇苦无茗，非其地不产也，土人不得采取制造之方，即成而不知烹瀹之节，犹无茗也。昆明之太华，其雷声初动者，色香不下松萝，但揉不匀细耳。点苍感通寺之产过之，值亦不廉。士庶所用，皆普茶也，蒸而成团，瀹作草气，差胜饮水耳。"这是最早也最确切地记载紧压普洱茶的史料，可以看出"普茶"也就是普洱茶被当时的云南各阶层普遍接受，作为一种畅销商品在云南广为流通。

到了清代，普洱茶到达第一个鼎盛时期，《滇海虞衡志》称："普茶名重天下……茶山周八百里，入山作茶者数十万人，茶客收买，运于各处"；普洱茶开始成为皇室贡茶，作为国礼赐给外国使者；道光年初，阮福在《普洱茶记》中说："每年备贡者，五斤重团茶，三斤重团茶，一斤重团茶，四两重团茶，一两五钱重团茶；又瓶盛芽茶、蕊茶，匣盛茶膏共八色。"可以看出普洱茶仅贡茶就有八种花色。末代皇帝溥仪说皇宫里"夏喝龙井，冬饮普洱"；清代学者阮福还记载说："普洱茶名遍天下，京师尤重之。"清末民初，是普洱茶价格最高的时期，学者柴萼《梵天庐丛录》记载说："普洱茶……性温味厚，产易武、倚邦者尤佳，价等兼金。品茶者谓：普洱之比龙井，犹少陵之比渊明，识者韪之……"，也就是说，当时的普洱茶好茶价格是银子（或金子）的两倍！

20世纪初，随着清朝覆灭，普洱贡茶已然消失不在。民国至抗战期间，普洱茶虽然也得到一定发展，很多这个时期的老字号茶还有遗存，但已不复当年的贡茶盛况。抗战爆发直到新中国建立这几年间，号记茶逐渐退出历史舞台，云南整个茶产业萧条荒芜；在1949年以后很长一段时期，云南的茶叶生产则开始重视生产红茶、绿茶，并未继承发展普洱茶产业；大面积砍伐毁坏几百年的古茶园，七子饼茶的传统工艺中断近半个世纪；但值得一提的是，1973年，云南开始了普洱熟茶发酵工艺的研究，普洱茶开始了生、熟茶的两大历史分野；1975年后，有了大批量的人工发酵茶，普洱熟茶产品开始上市，主要销往香港和东南亚等地区，随后普洱茶又开始了欣欣向荣的局面；至今，普洱茶由单一的形态向着风味普洱、数字普洱、功能普洱、科学普洱、养生普洱等多方向发展，制作工艺更加规范化、现代化、市场化；随着普洱茶的推广普及，全国出现了一股普洱茶热潮，普洱茶再一次被人们接受认可。

普洱茶的发展史看出，经过历史的变迁，普洱茶的制作工艺逐步完善，其形态也产生了种类繁多的变化。发展至今，其形态主要有砖、饼、沱三类，以最常见的普洱茶饼为例，圆饼状的外形合乎了中国人最古老、最典型的宇宙观——"天圆地方"。"民以食为天"，所以锅、碗、瓢、盆等很多与"食物"有关的储物罐和器皿都是"圆"的；而普洱茶"饼茶"的圆形形状或许也是由此思想基础诞生的。"饼茶""砖茶"，继承和发扬了中国传统制茶理念。"饼茶"寓意"天"，"砖茶"寓意"地"，是天地人和的制茶理念的体现。可以说，"饼茶""砖茶"及茶叶包装都是最能代表中国茶文化的载体实物。

普洱茶"饼茶""砖茶"传承了中国制茶史上的经典技术，主要表现在以下方面：

1."饼茶""砖茶" 保留了魏晋南北朝以来及唐代、宋代的制茶形制，承载着中国最为古老而悠久的制茶文化。唐人陆羽所写的《茶经》，是世界上第一部茶叶专著，其中描绘了唐代饼茶的生产历史，尤其是在第三章所记载的"蒸之、捣之、拍之、焙之、穿之、封之"，是今天云南饼茶古代生产工艺的真实写照，可以说，云南饼茶淋漓尽致的继承和发扬了魏晋南北朝以来的制茶风格和形制。宋代，是中国历史上茶叶加工、消费、品饮的鼎盛时期。北宋初"丁晋公为福建转运使始制凤团"，后又作龙团。欧阳修《归田录》："茶之品，莫贵于龙凤，谓之团茶，凡八饼重一斤。"龙团凤饼作为宫廷贡茶，一直沿用至明朝。明朝"洪武二十四年九月，上以重劳民力，罢造龙团，惟采茶芽以进"。就制茶而言，尽管宋代茶"饼"的形状大小，对茶叶原料的处理与今天的云南饼茶有很大差别，但这并不影响云南七子饼茶作为最具历史文化底蕴茶品的地位。

2. 普洱茶的采制技术、包装风格是最古老的制茶工艺延续 茶青采摘后，经杀青、手工揉捻，再行晒干，然后用绵纸、笋叶、竹篾包装，这种制茶和包装茶叶的方式，在中国制茶历史上是最古老、最传统的，普洱茶的生产工艺，给人以"朴素""自然"的亲切感。

三、普洱茶传承与弘扬

普洱茶文化博大精深，意蕴悠长，与我们的生活融为一体，具有善化人心、美化生活、雅化环境的辅助功能，是中华民族优良传统文化的一个组成部分。弘扬"普洱茶"和"普洱茶文化"，必须以"不淹没前人而胜过前人"的精神，解决好传承与创新发展的问题。对于历史上的"普洱茶"，我们既要传承传统品牌与制作工艺，使之发扬光大；同时，又要结合当今时代特点及需求去创新，形成当代"普洱茶"系列名优产品，二者不可偏废。对于"普洱茶"文化，应在传承其精华，弃其消极因素的基础上，注入信息时代的思想和精神，使之更具生机与活力。

结合市场经济发展的实际要求，要发展普洱种植地区的地方经济，首先必须充分发挥地方资源优势。因而，应着力于以发展"普洱茶"为中心，以"普洱茶"品牌产品带动地方其他资源开发。为此，一是要创制当代"普洱茶"名优产品并恢复"普洱茶"历史品牌，要实现这一目标，其关键在于人才和科研，应积极改革企业用人和人才激励机制，并发挥普洱茶科研机构作用，使普洱茶生产更规范、更科学、更标准。二是要使普洱茶业真正形成"规模优势、竞争优势、发展优势"。三是要对普洱茶产业实行重点扶持和必要的财税政策支持，以"放水养鱼"培养普洱茶业骨干企业。

在做大、做强、做优"普洱茶"的同时，应注重研究、运用和发展"普洱茶"文化。通过深入研究，运用"普洱茶"文化，在研究与运用中去升华和发展"普洱茶"文化。让普洱茶这一古老茶品焕发青春，变得更加绚烂多彩。

第三章

普洱茶的产区分布
与环境特征

一、普洱茶的产区分布

云南普洱茶的种植历史源远流长，其境内丰富的茶树种质资源，保存至今的众多古茶园、古茶树，丰富的茶树种质资源可以佐证云南植茶历史悠久，堪称世界上大叶种茶的发源地。

（一）古代普洱茶产区

云南省属于中国西南边陲地区，素有"极边之地"之称，境内山高路险，交通不便，加上众多民族之间封闭隔离，文化落后，致使云南早期茶事未能以文字记载传世。

最早以文字形式明确记录下云南茶事的是唐朝时期樊绰的《蛮书》（又名《云南志》《南夷志》等），书中有载"茶出银生城界诸山"，"银生城"即今普洱地区景东县，是当时南诏六节度之一银生节度的所在地，也是南诏对东南亚和海外贸易的重要城镇。银生节度的管辖范围包括今普洱、西双版纳等地。因此，"茶出银生城界诸山"所包括的应当是今普洱、西双版纳等地的广大茶山。

古六大茶山图

古六大茶山位于云南省西双版纳州勐腊县和景洪市境内，面积两千多平方公里，分别为：倚邦、易武（曼撒）、攸乐、革登、莽枝、蛮砖。关于六大茶山产茶最早的记载出自南宋李石的《续博物志》："南诏备考、茶出六山。"清道光元年（1821）《普洱府志》记载："六茶山遗器，俱在城南境，旧传武侯（诸葛亮）遍历六山，留铜锣于攸乐，置锘于莽枝，埋铁砖于蛮砖，遗木梆于倚邦，埋马镫于革登，置撒袋于曼撒，因以名其山。又莽枝有茶王树，较五茶山独大，相传为武侯遗种，今夷民犹祀之。"清代大理弥渡人师范先生编纂的云南志书《滇系·山川》则更为详细地记载了六大茶山的位置"普洱府宁洱县六茶山，曰攸乐，即今同知治所。其东北二百二十里曰莽枝，二百六十里曰革登，三百四十里曰蛮砖，三百六十五里曰倚邦，五百二十一里曰曼撒。山势连属，复岭层峦，皆多茶树。"

（二）现代普洱茶产区

云南的茶树品种有很多，占世界茶树品种的62%。作为纯天然茶叶产区，云南省是公认的产茶基地。在云南，有25%的人口从事的工作与茶相关，有100多个县区是茶产区，全省茶叶产量一度跃居全国茶产量前列。普洱茶是云南特有的国家地理标志产品，主要产于云南省内的普洱市、西双版纳州、临沧市、昆明市、大理白族自治州、保山市、德宏州、楚雄州、红河州、玉溪市、文山州11个州（市）、75个县（市、区）、639个乡（镇、街道办事处）现辖行政区域，这些地区属于南亚热带湿润气候和北热带气候类型，光照充足，全年气候温暖，降水充足，境内高山河流分布广阔，土壤以砖红壤和赤红壤为主，有机质含量高，为茶叶生产创造了得天独厚的自然条件。

1. 普洱茶区　普洱茶区原名思茅茶区，2007年思茅市更名为普洱市。普洱市地处云南省西南，具有"一市连三国，一江通五邻"的区位优势，与越南、老挝、缅甸接壤，处于北回归线上，是生产普洱茶的主要茶区。普洱茶区属低纬高原南亚热带季风气候区，雨热同期，光照条件好，年平均气温15 ~ 20.3℃，年有效积温4 500 ~ 7 500℃，年均降水量1 517.8毫米，无霜期315天，土壤为砖红壤，pH 4 ~ 6，茶树一年四季都能生长，且四季品质相差不大。

　　普洱茶园所分布的地区大多位于山区或半山区，空气、水源、土壤等受污染程度低，为无公害茶、有机茶的开发提供了良好的基础条件。著名的千家寨古茶树以及享誉全球的景迈、困鹿山等栽培型古茶园，以及境内超过135万亩的野生、过渡、栽培型茶树和古茶园都分布在普洱茶区。

❤ 景迈古茶林

　　2. 西双版纳茶区　　西双版纳地处北回归线以南，一年中太阳两次直射地面，日照充足。北部有哀牢山和无量山作为屏障，气候具有大陆性气候兼海洋性气候交错影响的特点，雨量充足，年平均降水量 1 200～1 500 毫米，降水日期全年达 170～200 天，年平均气温为 18～22℃，只有雨季和旱季之分，被称作"没有冬天的乐土"。

　　西双版纳州的景洪市、勐海县和勐腊县均为普洱茶主产区，总面积 19 700 平方公里，其中景洪市 7 133 平方公里，勐腊县 7 056 平方公里，勐海县 5 511 平方公里，勐海县山区面积占 93.45%，坝区面积占 6.55%。该区茶园主要分布在海拔 800～1 800 米处，年相对湿度 82% 以上，土壤以赤红壤、砖红壤为主，土层深厚，自然肥力高。该地区有丰富的自然植被，以橡胶林和阔叶林为主，植被覆盖率50%以上，具有适宜茶树生长的自然条件，茶树种质资源非常丰富。

3.临沧茶区　临沧是我国最大的红茶生产基地和普洱茶原料基地。临沧多山，群山连绵起伏，河流纵横交错，是一个多气候、多物种、多民俗的地区。全区年平均气温在16.5～19.5℃，光照时长在2 000小时以上，年降水量为1 100～1 500毫米。这样优越的自然条件被著名的气候学家吕炯称誉为"世界少有的生物优生地带"。这种高海拔、低纬度，夏无酷暑、冬无严寒的亚热带山地气候正好适合茶树对土壤理化性状，酸碱度以及光合作用等一系列的环境要求。

临沧茶园大部分分布在海拔1 500～2 000米，目前有茶园总面积130万亩。其中，野生古茶树群落40万亩，栽培型古茶园65万亩（百年以上古茶园9万多亩），无性系高优生态茶园25万亩，有机茶园3.5万亩，茶叶总产量3.5万吨。目前，临沧的七县一区都发现有大量的野生

❦ 哀牢山山脉

❦ 无量山山脉

❦ 西双版纳大渡岗万亩茶园

古茶树群落分布。其中，在双江县勐库大雪山发现的野生古茶树群落，规模连片面积达1.2万多亩，有8万多株野生茶树，距今已有2 500多年的历史，是迄今为止发现的世界上面积最大、树龄最长、海拔最高的原生古茶树林。临沧市是云南第一产茶大市，是普洱茶料的最大产地，是勐库大叶种茶的原生地，目前也是云南省普洱茶生产较多的地区之一，生产的冰岛、昔归等古树茶受到市场的追捧。

❦临沧古茶树

　　4.德宏茶区　德宏傣族景颇族自治州位于云南西部，东邻保山市，区内群山属高黎贡山余脉，河流属伊洛瓦底江水系。辖芒市、盈江、梁河、陇川、瑞丽五市县。与邻国缅甸山水相连，属南亚热带季风气候，由于地处北回归线附近，光照充足、雨量充沛、植被丰富、空气清新、水质洁净、土壤肥沃，有利于茶树生长。1954年全州开始禁种罂粟，同时实行"以茶替代罂粟"策略，规模化发展茶叶生产，所产普洱茶在市场销售中赢得了良好的声誉，深受茶叶消费者的青睐。茶产业已成为德宏州地方财政增收、经济增长的传统支柱产业之一，也是广大农民特别是山区和半山区农民增收、致富的优势产业。芒市是云南德宏州主产茶区，茶树种植面积占德宏茶园总面积的42.9%，茶叶产量占全州茶叶总产量的57.8%，产量、面积在德宏州居首位。

5. 保山茶区　保山市辖隆阳区、腾冲县、龙陵县、施甸县、昌宁县，与著名的怒江、澜沧江均有交汇，在所有滇西南茶区中，位于最北部，而且海拔高，位于怒山和高黎贡山南。在云南所有茶区中平均海拔最高、气温最低、雨量最少，境内自然条件优越，适宜茶树生长，茶树品种资源丰富，全市规模连片茶园25.5万亩。保山茶区除了生产普洱茶，还有滇绿茶、滇红茶。

（三）云南茶树品种资源

云南有丰富的茶树品种资源和优良的云南大叶茶种。据中国农科院茶叶研究所和云南农科院茶叶研究所会同有关部门对云南茶树品种资源调查结果，按张宏达教授对山茶属植物分类，世界茶组植物已发现的有37个种和3个变种，分布在中国的就有36个种和3个变种，其中分布在云南的有31个种和2个变种，并且有17个新种和1个变种是云南独有的。云南茶树品种之多，类型之丰富，是任何地区或国家所少有的。

目前为止，云南省有地方茶树品种共199个，其中无性系良种46个，有性系良种153个，有5个国家级良种（勐库大叶茶、勐海大叶茶、凤庆大叶茶、云抗10号、云抗14号），34个省级良种（云抗43号、长叶白毫、云抗27号、云抗37号、云选九号、73—8号、73—11号、76—38号、佛香1号、佛香2号、佛香3号、云瑰、云梅、矮丰等），目前生产上应用的有云抗10号、云抗14号、长叶白毫、雪芽100、矮丰、清水3号、凤庆3号、凤庆9号等品种，云南省茶科所品种资源保存圃保存茶树资源1 000余份，已报国家登记列为国家茶树品种资源财富的有127个，占全国666个茶树品种材料的19.3%。

云南大叶种茶芽叶肥壮，发芽早，白毫多，育芽力强，生长期和采摘期长，叶质柔软，持嫩性强，鲜叶中水浸出物、多酚类、儿茶素、咖啡因含量均高于国内其他优良品种，一般茶多酚类高5%～7%，儿茶素总量高30%～50%，水浸出物高3%～5%，与印度阿萨姆和肯尼亚种同属世界茶树优良品种，是制造红茶和普洱茶的良种。

云南茶叶品质优良。云南大叶种制成的工夫红茶、红碎茶、普洱茶，香高味浓。云南红茶质量在中国名列第一。云南红碎茶以其优良品质，作为提高中国中、小叶种红碎茶品质的配料，为带动中、小叶种红碎茶作出了贡献。1991年开发出的大叶种炒青绿茶，受到国际市场欢迎。近年来新开发的蒸酶绿茶、名优绿茶、茉莉花茶以及手工特型茶等受到国内消费者的广泛青睐。

近年来，云南已有20多种茶叶荣获省、部、国优和世界优质产品称号。

1. 云南古茶树种质资源概述　云南境内自然资源极其丰富，素有"物种基因库""动物王国"之称，现已调查到的有13 000多种，占全国高等植物总数的一半。云南大部分地区由于未遭受第四纪冰川的侵袭，因而不少古老植物都能在这里发现。尤其以山茶科植物分布广，保存种类多，被誉为"云南山茶甲天下"。

云南省地处我国西部，东经97°39′～106°12′、北纬21°09′～29°15′之间，北回归线横贯南部，属低纬度高原区。地质古老，因受喜马拉雅山造山运动的影响，地壳上升，地层皱褶，构成山岭纵横、山高谷深的错综复杂的地形地貌。由于受地形地貌和印度洋、太平洋季风的影响，云南气候类型多样，寒、温、热三带兼备，气候垂直变化显著，具有典型的"立体气候"特征。独特的地理和生态环境孕育和保存了古茶树，使云南的古茶树资源十分丰富。新中国成立以来，有关科研、教育和生产等部门先后发现了一批世界稀有珍贵的野生型、过渡型、栽培型古茶树。这些古茶树普遍为高大乔木，树姿直立，茶树分枝部位高，主根发达，野生型古茶树树幅庞大，树干粗壮。自然生长状态下，栽培型古茶树树高通常在3～5米，也有部分栽培型古茶树可达5米以上，野生型和过渡型古茶树一般高达10米以上。

　　目前，业界已经公认，云南是世界的茶树原产地，其主要的依据就是在这片土地上拥有着丰富的茶树资源，尤其是野生型、过渡型和栽培型古茶树的发现。而普洱茶的产生和发展，就与这些丰富的资源紧密相连。

　　2．云南古茶树种质资源概况

　　（1）云南古茶树主要分布。云南古茶树主要分布在滇南、滇西茶区，即西双版纳、普洱、临沧、保山、德宏、红河、文山等地州的40多个县，其他茶区亦有少量分布。古茶树多半生长在海拔千米以上的高山林地中，有的形成群落，有的单株散生。

　　（2）野生型古茶树。

　　千家寨古茶树。位于镇沅县九甲镇和平村委会千家寨上坝村民小组，海拔2 450米。树型乔木，树姿直立，树高25.6米，分枝稀，嫩枝无茸毛，芽叶绿色茸毛少；叶椭圆形，叶色深绿，叶片有光泽，叶身稍内折，叶缘微波，叶面微隆起，叶质硬，叶尖渐尖，叶脉10对，叶缘少锯齿，叶背主脉无茸毛；花瓣白色，子房无茸毛，柱头4裂；果实为扁球形或四方状球形。目前长势较强。

千家寨古茶树

芭蕉林箐古茶树。位于江城县曲水镇拉珠村委会的芭蕉林箐，海拔1 430米。树乔木型，树姿直立，树高19米；叶椭圆形，叶色黄绿，叶身背卷，叶缘平，叶面微隆起，叶尖渐尖，叶基楔形。叶脉12对，叶齿细锯齿，叶背主脉无茸毛，花瓣微绿色，子房无茸毛，柱头3裂，裂位浅。目前长势较强。

香竹箐1号古茶树。大理茶种。位于凤庆县小湾镇锦绣村委会香竹箐村民小组，海拔2 245米，树型为高大乔木，树姿开张，分枝密，树高10.6米；叶形长椭圆形，叶色黄绿，叶基楔形，叶脉7或8对，叶身平，叶尖急尖，叶面微隆，叶缘微波，叶质软，叶齿为锯齿形，芽叶黄绿色；萼片5片、绿色、无茸毛。花柄、花瓣无茸毛。花瓣6枚、白色、质地厚，花柱5裂，花柱裂位浅；子房有茸毛，长势强。

大雪山1号古茶树。大理茶种。位于永德县大雪山保护区，海拔2 387米。树型乔木，树姿直立，分枝稀，树高23米；叶形长椭圆形，叶色黄绿，叶基楔形，叶脉9对，叶身平，叶尖渐尖，叶面平，叶缘平，叶质软，叶柄、主脉、叶背无茸毛，叶齿锯齿形，芽叶黄绿色、无茸毛；萼片5片、绿色、无茸毛，花柄、花瓣无茸毛，花瓣12枚、白色、质地厚，花柱5裂、裂位浅，子房有茸毛，长势较强。

❦ 芭蕉林箐古茶树

❦ 香竹箐1号古茶树

❦ 大雪山1号古茶树

❦ 景迈村大平掌1号古茶树

❦ 拉马冲大尖山古茶树

❦ 邦崴古茶树

（3）栽培型古茶树。

景迈村大平掌1号古茶树。普洱茶种。位于澜沧县惠民镇景迈村委会景迈村民小组大平掌，海拔1 597米。树型乔木，树姿开张，分枝稀，树高4.3米，最低分枝高为0.77米，基部干围0.7米；叶形椭圆形，叶色绿，叶基楔形，叶脉12对，叶身平，叶尖钝尖，叶面微隆，叶缘平，芽叶绿色，茸毛多，叶质中，叶齿稀、浅、钝，叶柄有茸毛，主脉和叶背有茸毛；萼片数4枚、绿色、无茸毛，花柄、花瓣无茸毛，花瓣白色、质地薄，花柱3裂，子房有茸毛。目前长势较弱。

拉马冲大尖山古茶树。普洱茶种。位于江城县曲水镇拉珠村委会拉马冲村民小组的大尖山，海拔1 143米。树型乔木，树姿半开张，树高16米；叶长椭圆形，叶色绿，叶身平，叶缘平，叶面微隆起，叶质中，叶尖渐尖叶基楔形，叶脉15～17对，叶齿细锯齿，叶背主脉少茸毛。

（4）过渡型古茶树。

邦崴古茶树。位于澜沧县富东乡邦崴村新寨小组，海拔1 900米。树型小乔木，树姿半开张，树高11.8米，嫩枝有毛，芽叶黄绿色，茸毛多；叶椭圆形，叶深绿色，叶身平，叶缘平，叶面微隆起，叶质中，叶尖渐尖，叶基楔形，叶脉12对，叶齿细锯齿，叶背主脉多茸毛；花瓣11枚，花瓣白色、质地薄，子房有茸毛，柱头5裂，裂位浅；果实三角状球形。目前长势较强。

3. 云南茶树良种简介　茶树良种是茶叶生产的基础，茶园良种化是高产、优质、高效的关键。而云南自然条件独特而优异，在长期的自然进化和人工选择下形成了丰富的茶树种质资源，为茶树新品种选育提供了丰富的物质基础。20世纪50年代以来，茶叶科技工作者先后发掘和培育了大批地方品种和新品种。至2011年，云南已育成国家级茶树品种5个，获植物新品种权2个，省级茶树品种23个，其中云抗10号推广面积达160余万亩。此外，云南大叶种被广泛引种到广东、海南、广西、四川、贵州以及湖南、浙江、福建等部分茶区，除有些省份大面积种植外，很大程度上被广泛利用在选育新品种方面，通过驯化、分离、杂交、选择产生了如黔湄系、福云系等系列良种和品系为我国茶树品种的选育提供了重要的基础材料。经过广大科技工作者的精心选育，目前云南茶树品种多样，而且选育出许多适制普洱茶、红茶和绿茶的新品种，为云南茶业的发展提供了丰富的多样性资源基础。下面从品种适制性的角度出发，阐述目前云南茶树种质资源适制普洱茶的优良品种。

（1）勐库大叶茶。原产于云南省双江县勐库镇。在云南西南部、南部各产茶县广泛栽培，为云南省主要栽培品种之一。

其植株高大，树姿开展，主干明显，分枝较稀，叶片呈水平或下垂状着生。叶特大，长椭圆形或椭圆形，叶色深绿，叶身背卷或稍内折，叶面强隆起，叶

勐库大叶茶

缘微波状，叶尖骤尖或渐尖，叶齿钝、浅、稀，叶肉厚，叶质较软。芽叶肥壮，黄绿色，茸毛特多。芽叶生育能力强，持嫩性强。春茶一芽三叶盛期在3月中、下旬。适制红茶、绿茶、普洱茶。制普洱生茶，清香浓郁，滋味醇厚回甘；制普洱熟茶，汤色红艳，陈香显，滋味浓醇。抗寒性强。结实性弱。扦插繁殖力较强。

（2）勐海大叶茶。原产于云南省勐海县南糯山。主要分布在云南南部。

❦ 勐海大叶茶

其植物学特征主要为：植株高大，树姿开展，主干明显，分枝较稀，叶片呈水平或上斜状着生。叶特大，长椭圆形或椭圆形，叶色绿，富光泽，叶身平微背卷，叶面隆起，叶缘微波状，叶尖渐尖或急尖，叶齿粗齐，叶肉较厚，叶质较软。芽叶肥壮，黄绿色，茸毛多。芽叶生育力强，持嫩性强，新梢年生长5～6轮。春茶开采期在3月上旬，产量高。适制红茶、绿茶、普洱茶，品质优。制普洱生茶，外形条索肥壮、显毫，香气浓郁，滋味回甘；制普洱熟茶，汤色红亮，滋味醇厚回甘，入口润滑，香气独特陈香，叶底红褐。抗寒性较强，结实性弱。

（3）云抗10号。由云南省农业科学院茶叶研究所于1973—1985年从勐海县南糯山群体品种中采用单株育种法育成。在云南西双版纳、普洱、临沧、保山等地有大面积栽培。四川、贵州等省有引种。

其植物学特征主要为：植株高大，主干明显，树姿开展，分枝密，叶片呈稍上斜状着生，叶长椭圆形，叶色黄绿，叶身稍内折，叶面微隆起，叶尖骤尖，叶齿粗浅，叶肉较厚，叶质较软。芽叶黄绿色，茸毛特多。芽叶生育力强，新梢生长快，年生长5～6轮。春茶开采

Ｙ 云抗10号

期在3月上旬，一芽三叶盛期在3月下旬，产量高。适制红茶、绿茶、普洱茶。制普洱生茶，香气清香浓郁，滋味醇正，叶底黄亮；制普洱熟茶，汤色红浓，香气纯正、陈香，滋味醇厚。抗寒、抗旱性及抗茶饼病均比云南大叶群体品种强。扦插发根力强，成活率高。

（4）云茶1号。由云南省农业科学院茶叶研究所于1993—2005年从云南元江细叶糯茶群体品种中采用单株育种法育成。在云南西双版纳、普洱、保山等州（市）有种植。湖南、广西等省区有引种。

Ｙ 云茶1号

　　主要特征为：植株高大，树姿半开展，分枝密，叶片呈上斜状着生。叶椭圆形，叶色深绿，有光泽，叶身内折，叶面隆起，叶缘波状，叶尖渐尖，叶齿细密，叶质脆硬。芽叶肥壮，黄绿色，茸毛特多。芽叶生育力强，发芽密，年生长6轮，持嫩性强。春茶开采期在2月中旬，一芽三叶盛期在3月上旬，产量高。适制红茶、绿茶、普洱茶。制普洱生茶，香气浓郁、带花香，滋味浓醇。抗寒、抗旱性强于云南大叶群体品种。抗茶小绿叶蝉与茶饼病能力强。扦插繁殖率较低，移栽成活率较高。

　　（5）云茶普蕊。由云南省农业科学院茶叶研究所于1973年从双江勐库群体种中采用单株育种法育成。在云南西双版纳有栽培。保山、大理、德宏等地有引种。

　　其主要特征为：植株高大，树姿开展，分枝密，叶片呈梢下垂状着生。叶长椭圆形，叶色浓绿，有光泽，叶身背卷，叶面隆起，叶缘微波状，叶尖渐尖，叶齿粗浅，叶肉厚，叶质软。芽叶肥壮，黄绿色，茸毛多新梢叶柄基部有花青甙显

云茶普蕊

色，子房有茸毛。芽叶生育力较强，新梢年生长5轮。春茶萌发期在2月下旬，开采期在3月下旬，产量高。适制红茶、普洱茶。制普洱生茶香气清香，滋味醇浓，叶底黄亮；制普洱熟茶，汤色红艳明亮，香气醇正，滋味醇厚。抗寒能力强于云南大叶群体种，抗病能力中等。

二、普洱茶的生长环境

（一）气候

一般而言，纬度较低的南方茶区，年平均气温较高，茶树体内的物质代谢有利于碳代谢的进行，有利于茶多酚的合成，因此往往含有较多的茶多酚，适合于制作红茶和普洱茶；而生长在纬度较高的北方茶区的茶树，因年平均温度较低，茶多酚的合成和积累较少，而蛋白质、氨基酸等含氮物质相对较多，适合于制作绿茶。

云南省地处世界大叶种茶树种植的"黄金地带"，普洱茶主产区主要分布在北纬25°以南的滇南茶区，包括普洱、西双版纳、红河、文山4个地、州的22个县市，这些茶区属热带边缘及南亚热带地区，终年云雾缭绕，山高林密，气候湿润，日照充足，这些气候条件有利于形成丰富的多酚类物质，适宜生产加工红茶和普洱茶，能获得优质的茶叶。云南省年平均气温为18～20℃，活动积温在6 000～8 300℃，茶区云雾天气较多，平均湿度在80%以上，年平均降水量在1 500毫米左右，5—10月为雨季，降雨有效值高。11月至翌年4月为干季，光照条件好。茶树生长期长，采摘期一般有8～9个月，元月10日左右开始采摘早春茶，比内地茶区早两个月左右，具有生产早春茶的优势。

（二）地势

海拔高度对茶叶品质的影响，实质上也是一个气候因素的问题，高山茶园一般气候温和，雨量充沛，云雾较多，湿度较大，多漫射光，茶树合成的含氮化合物、芳香物质增加；另外，高海拔茶园，昼夜温差较大，白天积累的物质在晚间被呼吸消耗的较少，物质积累量增大，而且高山森林茂密，土壤腐殖质含量高、肥力足，生态条件优越。茶树在这种生态条件下，有利于含氮化合物和某些芳香物质的合成和积累，蛋白质、氨基酸等含量较高，香气馥郁，经久耐泡。

云南省茶区内有哀牢山、无量山等高大山系及澜沧江、李仙江等江河水流，全境海拔为3 000 ~ 3 400米，山地面积占95%以上。且茶区大多分布在远离污染的山区，土壤肥沃，涵养水分丰富，森林覆盖率高，具有开发有机茶和无公害茶的有利条件。

云南省内连绵的山脉

（三）土壤

土壤的酸碱度与茶叶品质的关系也很大，不同pH对茶叶品质成分的合成和积累有明显的影响，茶树在适宜的pH条件下，儿茶素、茶多酚的含量往往较高。pH对物质代谢的影响，主要是改变了酶的活性和反应条件而产生的，只有适宜的pH，茶树才能旺盛生长，积累干物质丰富，茶树的碳氮代谢才能顺利进行，茶多酚、氨基酸等与品质有关的成分才能更多地合成，为提高茶叶品质提供物质基础。

　　云南省茶区由于较好地保留了热带雨林、季雨林和受季风影响的亚热带常绿阔叶林，成为地球上北回归线附近稀有的一片绿洲。土质多为红壤和砖红壤，pH为4～6，较同纬度其他地区，这片区域的红壤土层深厚，酸性、有机质含量高，非常适宜茶叶生产。特别是滇南1500米以下主要分布的赤红壤，极宜茶树生长，是普洱茶区的重要土壤。

云南红土地

三、基地建设与管理

为保障茶叶的安全和可持续生产，在茶产地的选择上应远离城市、城镇、居民生活区、工矿区、交通主干线、工业污染源、生活垃圾场等，远离污染源，水土保持良好，生物多样性良好。

（一）茶园基地建设

1. **基地规划** 进行茶园规划时，宜选择符合下表规定的场址进行规划建设。

茶园立地条件

项目	指标	检测方法
年降水量	≥1 000毫米	
降水量（4～9月）	≥100毫米	按当地气候
相对湿度	≥80%	资料执行
坡度	≤30°	
有机质（0～20厘米土层）	≥15克/千克	NY/T 1121.6

茶园的规划需有利于保持水土，保护和增进茶园及其周围环境的生物多样性。合理的规划建设能维护茶园生态平衡，发挥茶树良种的优良种性，便于茶园排灌、机械作业和田间日常作业，能有效地促进茶叶生产的可持续发展。

2. **道路和水利系统** 进行茶园规划建设需设置合理的道路系统，连接场部、茶厂、茶园和场外交通，提高土地利用率和劳动生产率。园内建立完善的排灌系统，做到能蓄能排，有条件的茶园建立节水灌溉系统，在满足日常灌溉需求的同时实现生态种植。

低纬度低海拔茶区集中连片的茶园可因地制宜种植遮阴树，遮光率控制在20%～30%。对缺丛断行严重、密度较低的茶园，通过补植缺株，合理剪、采、养等措施提高茶园覆盖率。

3. **茶园开垦** 茶园开垦应注意水土保持，根据不同坡度和地形，选择适宜的时期、方法和施工技术。坡度15°以下的缓坡地等高开垦，坡度在15°以上的，建筑等高梯级园地。开垦深度在60厘米以上，破除土壤中硬塥层，网纹层和犁底层等障碍层。

4．茶树品种与种植　茶树品种应选择适应当地气候、土壤，并对当地主要病虫害有较强抗性的茶类，加强不同遗传特性品种的搭配。茶种和茶苗最好来自有机农业生产系统，质量符合GB 11767—2003《茶树种苗》中规定的1、2级标准。在扦插繁殖时，选择健康、健壮的插穗，采用单行或双行方式种植，坡地茶园等高种植，种植前施足有机底肥，深度为30～40厘米。

（二）茶园基地管理

1．茶园土肥管理

（1）茶园基地土壤管理。茶园在土壤管理方面需定期监测土壤肥力水平和重金属元素含量，一般要求每2年检测一次，根据检测结果，有针对性地采取土壤改良措施。一般提倡放养蚯蚓和使用有益微生物等生物措施改善土壤的理化和生物性状。为提高茶园的保土蓄水能力，建议采用地面覆盖等措施，将修剪枝叶和未结籽的杂草作为覆盖物。同时，通过采取合理耕作、多施有机肥等方法可改良土壤结构。

（2）茶园基地施肥管理。茶园耕作中施加的肥料应采购自正规渠道，妥善储存于清洁、干燥且无水源污染的地方。幼龄茶园和改造茶园还应强调和重视茶园农作的间作，如间作豆科植物。提倡建立绿肥种植区，尽可能为茶园提供有机肥源。不误农时，适时播种。间作绿肥应不影响茶树生长，合理密植，因地制宜。

2．茶园病虫害管理　茶园病虫害应当以农业防治为基础，综合运用物理防治和生物防治措施，为茶树创造不利于病虫草滋生而有利于各类天敌繁衍的环境条件，将茶园中各类病虫草害控制在允许的经济阈值内，将农药残留降低到规定标准的范围内，增加生物多样性，维持茶园生态平衡。

3．实现茶园管理可追溯　茶园管理应实现可追溯性，用各阶段的记录实现可追溯性，建立完善的农事活动档案，包括生产过程中肥料、农药的使用和其他栽培管理措施。种植者应建立茶叶种植生产过程中各个环节的有效记录，以证实所有的农事操作符合相应的安全卫生要求，从而完善整个溯源体系。

第四章
普洱茶的采制工艺

所谓茶鲜叶，指的是专门供制茶用的茶树新梢。它包括新梢的顶芽，顶端往下的第一、二、三、四叶以及着生嫩叶的梗。茶鲜叶俗称"茶青""茶草""生叶"。有人误称茶树上的鲜叶为"茶叶"，这既不科学又易混淆。因为茶鲜叶通过加工成为产品，才叫"茶叶"。茶鲜叶是形成茶叶品质的物质基础。普洱茶品质的好坏，取决于三个主要因素：一是鲜叶的质量，二是制茶的技术，三是存储的条件。

普洱茶是以晒青毛茶为原料加工而成的茶类，鲜叶经过杀青、揉捻、干燥等工序加工为晒青毛茶，即为普洱茶原料的加工。普洱熟茶要经历一道最为关键的工序——渥堆。

一、茶叶采摘技术

（一）细嫩采

高档普洱茶大多是采摘单芽和一芽一叶，少数也有采一芽二叶初展的新梢。按此标准采摘，大多集中在春茶前期，花工大，产量低，但经济效益较高。

（二）适中采

一芽一叶

当新梢长到一定程度，采下一芽二三叶和细嫩对夹叶，要求鲜叶嫩度适中。按此标准采摘，茶叶品质较好，产量也较高，经济效益也不差，是目前最普遍的采摘标准。

🌱 一芽二叶

（三）鲜叶等级

在现代茶园中，按照国家普洱茶标准划分办法，采摘的鲜叶等次由"特级"向下依次排序为：

(1) 特级：一芽一叶占70%以上，一芽二叶占30%以下。

(2) 一级：一芽二叶占70%以上，同等嫩度其他芽叶占30%以下。

(3) 二级：一芽二、三叶占60%以上，同等嫩度其他芽叶占40%以下。

(4) 三级：一芽二、三叶占50%以上，同等嫩度其他芽叶占50%以下。

(5) 四级：一芽三、四叶占70%以上，同等嫩度其他芽叶占30%以下。

(6) 五级：一芽三、四叶占50%以上，同等嫩度其他芽叶占50%以下。

二、普洱茶加工工艺

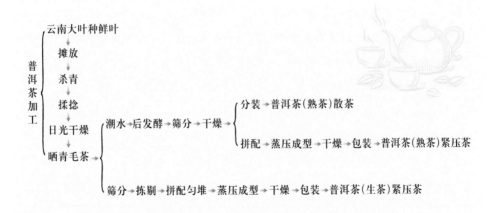

（一）晒青毛茶

1. 摊青　茶叶采摘后在一定时间内，仍然是个活的有机体，还具有呼吸的功能来维持新陈代谢，细胞中的糖类分解，产生二氧化碳，放出大量的热能。如果要使鲜叶保持新鲜度，就需要降低叶温，延缓消耗，我们称这样的过程为摊青。

摊青奠定了茶汤的滋味和香气物质的基础。大叶种鲜叶含水量较高，其茶多酚含量也高很多，一定时间的摊放可散发水分，能促进一部分水解酶活性的提高，使部分大分子化合物如酯型儿茶素和蛋白质水解成小分子化合物，改善口感。

2. 杀青　杀青是形成普洱茶原料晒青毛茶品质的关键技术，主要以滚筒杀青为主。青指鲜叶，杀青的含义是破坏鲜叶中酶的活性，改变叶子内含成分的部分性质。叶温控制在75～80℃，这是杀青技术重要的关键因素之一。杀青时掌握好高温杀青，先高后低；抛闷结合，多抛少闷；嫩叶老杀，老叶嫩杀的原则。

3. 揉捻　揉捻是指杀青叶在机械力的作用下，揉出茶汁搓卷成条的工艺过程。揉捻要根据鲜叶的不同等级，按轻—重—轻的加压原则对杀青叶进行不同时间的揉捻。同时，要按照嫩叶冷揉、老叶热揉的原则进行，成条率达95%以上为适度。

4. 解块　柔软性、黏性大的叶子在揉捻过程中，容易几个叶片或叶条粘连在一起，并滚转成块。团块在压力下越团越紧，这些团块在干燥中水分不易蒸发。贮存过程容易发霉变质，影响整批茶叶质量。若到干燥时才解块，则"在制茶"条索粗松，甚至部分不成条形，严重影响茶叶外形。因此，一般在揉捻时用松压措施解块，有的结合筛分进行解块。

5. 干燥　干燥是普洱茶原料加工的最后一道工序，日光干燥是决定普洱茶原料品质的重要工序之一。干燥过程除了降低水分达到足干，便于储藏存放以待加工外，同时还有进一步形成普洱茶原料特有的色、香、味、形的作用。

❧ 晒青毛茶

（二）普洱茶（生茶）

蒸压成型。蒸压成型一般有称量、蒸茶、压制、脱模或去袋等几道工序。为了保证品质规格，称量要准确，误差尽可能控制在 ±1% 范围内。蒸茶的目的是使茶坯变软，便于压制成型，兼有消毒灭菌的作用。压制成型分为手工和机械压制两种，压制成型的茶叶需要在蒸模内冷却定型，冷却时间可视定型情况来定。

（三）普洱茶（熟茶）

❧ 普洱茶（生茶）

❧ 普洱茶（熟茶）

48

后发酵。普洱茶（熟茶）的发酵过程俗称"后发酵"或"渥堆发酵"，实际上是微生物固态发酵。后发酵（微生物固态发酵）是普洱茶（熟茶）加工技术的重要工序，也是形成普洱茶（熟茶）独特品质的关键性工序。形成普洱茶（熟茶）品质的实质是以云南大叶种普洱茶原料（晒青）的内含成分为基础，在后发酵过程中微生物代谢产生的呼吸热及茶叶的湿热作用使其内含物质发生氧化、聚合、缩合、分解、降解等一系列反应，从而形成普洱茶（熟茶）特有的品质风格。后发酵过程中，水分含量是逐渐减少的，而温度是逐渐升高的，最高温度以控制在45～55℃为宜，最高不要超过65℃。

（四）普洱茶深加工

普洱茶的深度加工是指茶叶经初、精制后，经提取分离出的茶汁，按科学配方再次加工，但仍保留茶的特有色、香、味而制成一种新型的饮料或者食品。

1.普洱茶膏　普洱茶膏是云南大叶种经加工而成的普洱茶，通过浸提熬制等再加工工艺制成的一种固态速溶茶。普洱茶膏中所含的生物碱主要是嘌呤碱类，较多的是甲基嘌呤衍生物，在药理上，具有兴奋神经中枢、消除疲劳及减轻酒精、烟碱等物质的毒害，增加肾脏血流量，具有利尿和强心等作用。

2.普洱茶饮料　普洱茶茶饮料是利用普洱茶提取液，与糖、酸、增香剂等成分调制后，加入符合卫生要求的低温碳酸水，混合罐装而成的饮料，有多种茶的有效成分，具有香气浓郁、滋味可口的特点，是一种清热解渴、清心提神、消除疲劳的清凉饮料。

3.普洱茶食品　茶食品是指茶叶先加工成超细微茶粉、茶汁、茶天然活性成分等，然后与其他原料共同制作而成的含茶食品，具有天然、绿色、健康的特点。如下图是普洱茶的茶点心：茶油核桃酥，其配料中含有茶籽油。茶籽制油的一般工艺是先将

❦茶膏

茶籽脱壳风选，然后送入有间接蒸汽的蒸缸中，蒸炒后直接进入榨油机，进行趁热压榨制油。由机榨得到的油称为"毛油"。毛油再经加碱进行碱炼后洗净为精油，精油可以食用。

4.普洱茶的综合利用 茶的综合利用是指利用茶树的根、茎、叶、花、果或者它们的某些有效成分，经加工或提取精制而成的新型制品。历史上茶叶的利用，迄今已有四千多年历史了。但是长期以来，世代相传，只采其"芽叶"作为饮料，茶叶成为生产过程中唯一有经济价值的产品，茶树也以"饮料作物""叶用作物"而著称。

（1）普洱茶牙膏。茶多酚对形成龋齿的细菌具有较强的抑制作用，还可消炎除口臭。将其作为牙膏添加剂用于牙膏生产中，可提高牙齿的防龋抗龋和洁齿功能。

▼ 茶点

▼ 茶点配料

（2）普洱茶防晒霜(水)。茶多酚在波长 200 ～ 300 纳米处有较高的吸收峰值，因此，具有"紫外线过滤器"之美称，可减少由于紫外线引起的皮肤黑色素的形成。添加茶多酚的防晒霜（水），用在大量阳光直射的场合，可吸收紫外线，保护皮肤，这一类防晒霜（水）在韩国很受消费者的欢迎。目前，市场上有很多日化品牌都在开发关于茶叶方面的提取物，把它们加入产品中，增加产品的功能。

（3）普洱茶洗理香波。利用茶籽饼泡水洗头、洗衣，在中国古已有之。一般认为用茶籽饼水洗头后可使头发松、软、光亮；能够去头屑、止痒；能去头虱，是民间喜爱的一种天然洗涤用品。近代科学已经证明，茶皂素具有较好的天然表面活性，它的起泡力、湿润性及分散性性能良好。

（4）普洱茶花露水。茶多酚具有抗菌、消炎等功效，对皮炎和蚊虫叮咬有一定疗效。中国农业科学院茶叶研究所研制出一种添加茶多酚的花露水，浙江医院皮肤科的临床试用结果，对痱子、夏季皮炎、蚊虫叮咬等皮肤病治疗效果的总显效率为91%，总有效率为98%，止痒效果达100%，很有推广价值。

第五章

普洱茶的冲泡与品赏

一、普洱茶品茶环境

中国是茶的故乡，茶文化是中华五千年历史的瑰宝。品茶，是人们通过品饮活动，对茶叶产生视觉、嗅觉、味觉、触觉等多维立体的愉悦感受，是一种极优雅的艺术享受。一杯好普洱，味醇而韵雅，静心又祛烦。想要喝到一杯好普洱茶，不仅仅是茶叶、冲泡等问题，还要有正确的喝普洱茶方法，才能品尝出好的普洱茶。

（一）心境

茶人将品茶作为一种显示高雅素养、寄托情感、展现美的艺术活动。品普洱茶之美，美在心境。忙碌工作之余，就座茶台前，手中有书、盏中有茶，游书中天地，悟茶里乾坤，亦浓亦淡，如酽如醇；看盏中茶叶之美，如花如絮，若蜂若蝶；细品慢饮，只觉清幽扑鼻、齿颊留香，回甘如潺潺甘泉从舌底涌入。此等意境令人心旷神怡，矜持不燥，物我两忘。

（二）茶具

茶具是茶叶冲泡过程中必不可少的工具，且种类较多。在普洱茶冲泡过程中，我们一定要选择最适合普洱茶的茶具。

1.基本茶具　茶台、茶船、泡茶壶、水盂、茶巾、茶道六用、白瓷盖碗（或紫砂壶）茶漏、公道杯、品茗杯。

（1）茶台：或茶桌，用来泡茶的桌子，用于摆放所有泡茶的用具。

（2）茶船：或茶床，有单层的，也有双层的。单层的仅用于摆放茶具、泡茶，有废水管与废水桶连接；双层的茶船，上层摆放茶具，下层承接废水。

（3）泡茶壶：冲泡茶叶时的注水用具。

（4）茶道组：茶则、茶匙、茶夹、茶针、茶漏、茶筒，合称"茶道六君子"。

（5）茶巾：用于清洁茶具、茶台。

（6）公道杯：用于均匀茶汤、分茶汤。

（7）品茗杯：用于品鉴茶汤。

2.冲泡器具　在普洱茶的冲泡过程中，应当根据不同的茶选择不同的冲泡器具。

（1）普洱生茶一般选用瓷盖碗、紫陶壶、紫砂壶。

（2）普洱熟茶一般选用紫砂壶，也可选择盖碗。

❦ 茶台

❦ 茶道组

❦ 泡茶壶

❦ 茶船

❦ 茶巾

❦ 公道杯

❦ 品茗杯

❦ 紫砂壶

❦ 青花瓷盖碗

（三）水质

泡茶用水很关键，不同水质的水所泡出来的茶，其色、香、味也不同。泡茶用水最起码的标准是：水中无杂质、无污染、卫生指标符合国家标准。在各类泡茶用水的选择中，我国茶圣陆羽主张："山水上，江水中，井水下。"

一般情况下，在天然水中，泉水是比较清爽的，杂质少、透明度高、污染少水质最好。泡茶用水以泉水为佳，但是溪水、江水、河水等常年流动的水用来沏茶也是很好的。如今，用最常见的自来水泡茶也是可以的，自来水一般经人工净化、消毒处理，已达到我国卫生标准。

二、普洱茶冲泡步骤与技巧

泡茶，就是用开水冲泡成品茶，使茶叶中的水溶性物质溶于水中，成为一杯味美香幽的茶汤的过程。鲁迅先生说："有好茶喝，会喝好茶是一种清福；不过要享这种清福，首先必须有功夫，其次是练出来的特别感觉。"故泡茶是一门综合艺术，需要较高的文化修养，即不仅要有广博的茶文化知识及对茶道内涵的深刻理解，而且要具备高度的文明美德，否则，纵然有佳茗在手，也无缘领略其真味。

（一）普洱生茶的冲泡

普洱茶生茶外形色泽墨绿，香气纯正持久，滋味浓强回甘，汤色黄绿明亮，叶底肥厚黄绿。普洱茶生茶性寒，适合夏秋季节饮用，具有清热、消暑、解毒、消食、去腻、利水、通便、祛痰、祛风解表、止渴生津、益气、延年益寿之功效。冲泡普洱生茶时，冲泡器皿应根据茶叶陈化期的长短、陈化轻重来选择，一般原料细嫩、陈化期短、陈化程度轻者可以选择盖碗或者瓷壶，原料成熟度高、陈期较长、陈化程度较重者可以选择紫砂壶冲泡。润茶要轻、快，水温控制在95～100℃。冲泡生茶时主要掌握好四个要素：投茶量、水温、冲泡时间、冲泡次数。

投茶量：掌握好茶叶用量是冲泡好茶的基础。每次投放茶叶的多少并没有固定的标准，主要根据茶叶种类、器具大小及饮茶习惯而定。一般认为，冲泡普洱生茶，因为茶汤的香味、浓度要求高，茶水比可适当放大，以1∶30～1∶20为宜，即3克茶叶，冲入60～90毫升水。

水温：一般用95～100℃水冲泡普洱生茶。

冲泡时间和次数：根据普洱生茶的原料老嫩、陈化程度、泡茶水温、投茶量和个人习惯的不同灵活掌握。

1.行礼备具　茶叶选择普洱生茶；茶具：瓷盖碗、品茗杯、煮水器、茶道组、茶盘、玻璃公道杯、茶滤、茶巾。

2. 鉴赏佳茗　所选普洱生茶外形条索紧结、色泽墨绿、油润显毫。

3. 温杯洁具　用沸水润洗杯具，既提高杯具温度，又起到再次清洁的作用，以示对宾客的尊敬。

4. 仙茗入瓯　将茶叶轻轻拨入温热的瓷碗中。

5. 洗净香肌　以沸水醒茶，快速将碗中的水倒出，轻轻揭开盖，热闻香气，感受茶叶的清新与灵动。

6. 仙茗起舞　沸水高冲入盖碗中，茶叶摇曳起舞。随后盖上盖子，悠然抬手，将盖碗提起，将茶汤倒入公道杯中。

7. 观赏汤色　玻璃公道杯中的茶汤，清香馥郁，汤色黄亮，茶的自然本色尽显汤中，让人心旷神怡。

8. 分享琼浆　将茶汤均分于各品茗杯中。

9. 仙茗敬客　将茶敬奉给各位嘉宾，并引领宾客品茶。

10. 慢品茶韵　品饮茶汤，闻其香，清香高扬，天然幽香让人神清气爽；观其色，晶莹剔透，橙黄明亮，尝其味，甜绵甘滑，满口生津，让人感到齿颊留香、回味无穷。

Y 行礼备具

Y 鉴赏佳茗

Y 温杯洁具

Y 仙茗入瓯

❧ 洗净香肌

❧ 仙茗起舞

❧ 观赏汤色

❧ 分享琼浆

❧ 仙茗敬客

❧ 慢品茶韵

（二）普洱熟茶的冲泡

1. 备具　选择泡茶用具有：茶船、紫砂壶、茶荷、品茗杯、杯托、玻璃公道杯、茶道组、茶滤、随手泡、茶巾等。

2. 赏茶　双手拿起盛有茶叶的茶荷，从左到右供宾客欣赏，同时介绍茶叶的品质特征。

3. 洁具　用沸水润洗杯具，既提高杯具温度，又起到再次清洁的作用，以示对宾客的尊敬。

4. 投茶　将茶叶轻轻拨入温热的紫砂壶中。

5. 润茶　以沸水醒茶，快速将壶中的水倒出，轻轻揭开盖，热闻香气，感受茶叶的香醇。

6. 冲泡　左手揭壶盖，右手以"高山流水"之势悬壶缓缓注水，水满后，用壶盖刮去上面一层泡沫，即"春风拂面"。

7. 出汤　右手拿壶，拭去壶底水分，再将茶汤倒入公道杯中，茶汤倒尽后"凤凰三点头"将最后几滴茶汤倒入公道杯中，以示对客人的尊敬。

8. 斟茶　将茶汤均分于各品茗杯中，茶汤七八分满即可。

9. 奉茶　将茶敬奉给各位嘉宾，并引领宾客品茶。

10. 品茗　将茶汤端到鼻前，闻其香，观其色，尝其味。趁热品饮，引导客人观其色、尝其味。"一口润喉，二口留香，三口随意"，这就是所谓的"三口为品"。

🍂 备具

🍂 赏茶

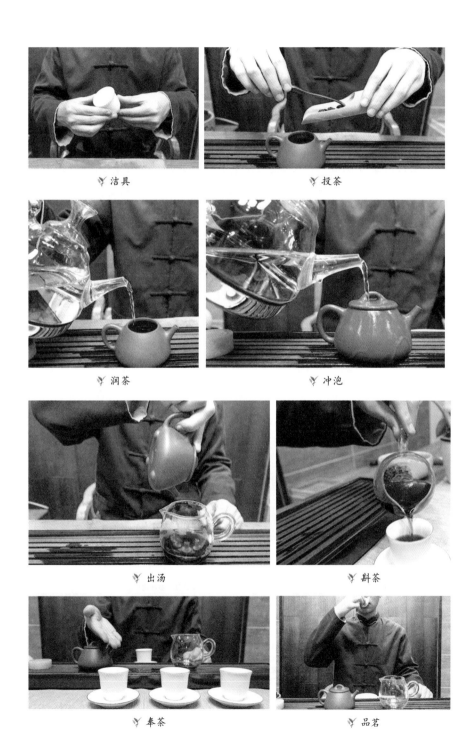

Y 洁具　　　　　　　　　　　　　Y 投茶

Y 润茶　　　　　　　　　　　　　Y 冲泡

Y 出汤　　　　　　　　　　　　　Y 斟茶

Y 奉茶　　　　　　　　　　　　　Y 品茗

三、普洱茶的品鉴

（一）普洱茶品质特征

1.普洱茶基本品质要求　普洱茶，按其加工工艺及品质特征，分为普洱茶（生茶）和普洱茶（熟茶）。普洱茶（生茶）的基本品质特征是汤色黄褐或琥珀色，滋味甘醇回味，香气陈香；普洱茶（熟茶）的基本品质特征表现为汤色红浓明亮（褐红或棕红），滋味甘滑醇厚，香气独特陈香。

普洱茶除其自身所具有的独特品质外，基本品质要求上还必须满足：品质正常，无劣变，无异味；洁净，不含非茶类夹杂物；不得加入任何添加物，包括但不仅限于着色剂和香味物质。

（1）普洱茶（生茶）品质特征。普洱茶（生茶）是指用云南大叶种晒青毛茶为原料，以自然陈放方式，不经过人工发酵、渥堆处理，但经过加工整理、修饰形状（饼、砖、沱）的普洱的统称，色泽墨绿或黄绿，滋味浓强、回甘强。新制或陈放不久的生茶有苦涩味，汤色较浅或黄绿，茶性较烈、刺激，但长久储藏的生茶滋味越来越醇厚。一江分化古今茶山，四大区域各显精华，普洱茶蕴涵其中，山水茶味各有所得。

四大茶区特点

（2）普洱茶（熟茶）品质特征。普洱茶（熟茶）的加工是以大叶种晒青毛茶为原料，经潮水、后发酵、翻堆、干燥、分筛、拣剔、拼配、仓储陈化等工艺制成。其风味与生茶相比各有特点，代表茶样赏析如下。

代表熟茶茶样赏析

茶样信息	品质特征
紫基	外形周正红褐显毫　汤色红浓明亮　香气独特陈香　滋味醇厚回甘　叶底红褐油润
龙记 TP201401	外形周正红褐显毫　汤色红浓明亮　香气浓郁　滋味浓厚回甘　叶底红褐油润
无量清心	外形色泽红褐　汤色红浓明亮　香气陈香独特　滋味醇厚回甘　叶底红褐油润

2.普洱茶质量安全　普洱茶质量安全包括普洱茶理化指标和安全性指标。普洱茶理化指标即普洱茶质量指标，包括物理和化学指标，主要有水分、总灰分、粉末、水浸出物、茶多酚等指标；安全性主要是茶叶中重金属、农药残留、有害微生物等食品安全性指标。

（1）理化成分指标。

①晒青茶的理化指标。

晒青茶理化指标

项目	指标
水分 /%	≤10.0
总灰分 /%	≤7.5
粉末 /%	≤0.8
水浸出物 /%	≥35.0
茶多酚 /%	≥28.0

②普洱茶（生茶）的理化指标。

普洱茶（生茶）理化指标

项目	指标
水分 /%	≤13.0*
总灰分 /%	≤7.5
水浸出物 /%	≥35.0
茶多酚 /%	≥28.0

*净含量检验时计量水分为 10.0%。

③普洱茶（熟茶）的理化指标。

普洱茶（熟茶）理化指标

项目	指标	
	散茶	紧压茶
水分 /%	≤12.0*	≤12.5*
总灰分 /%	≤8.0	≤8.5
粉末 /%	≤0.8	—
水浸出物 /%	≥28.0	≥28.0
粗纤维 /%	≤14.0	≤15.0
茶多酚 /%	≤15.0	≤15.0

*净含量检验时计量水分为 10.0%。

（2）普洱茶的安全性指标。

普洱茶安全性指标

项目	指标
铅（以Pb计）/（毫克／千克）	≤5.0
稀土/（毫克／千克）	≤2.0
氯菊酯/（毫克／千克）	≤20
联苯菊酯/（毫克／千克）	≤5.0
氯氰菊酯/（毫克／千克）	≤0.5
溴氰菊酯/（毫克／千克）	≤5.0
顺式氰戊菊酯/（毫克／千克）	≤2.0
氟氰戊菊酯/（毫克／千克）	≤20
乐果/（毫克／千克）	≤0.1
六六六(HCH)/（毫克／千克）	≤0.2
敌敌畏/（毫克／千克）	≤0.1
滴滴涕(DDT)/（毫克／千克）	≤0.2
杀螟硫磷/（毫克／千克）	≤0.5
喹硫磷/（毫克／千克）	≤0.2
乙酰甲胺磷/（毫克／千克）	≤0.1
大肠菌群/（MPN/100克）	≤300
致病菌（沙门氏菌、志贺氏菌、金黄色葡萄球菌、溶血性链球菌）	不得检出

注：其他安全性指标按国家相关规定执行。

3.普洱茶花色种类 普洱茶按加工工艺及品质特征分为普洱茶（生茶）和普洱茶（熟茶），按外观形态分为普洱茶（熟茶）散茶、普洱茶（生茶、熟茶）紧压茶。

（1）普洱茶（生茶）。形状端正、匀称，松紧适度，茶条清晰可见，洒面均匀（或无洒面），茶表面和边缘光滑、棱角分明（砖形），不起层脱面，色泽墨绿或黄绿；当年新茶内质香气清香或花香，滋味浓、汤色黄绿明亮，叶底绿、柔软、匀整。不同时间的普洱茶（生茶）由于受到外界存放环境的影响，品质变化差异大，汤色会由绿色逐渐变为橙黄或橙红色，清香不明显，略带花香或淡淡的甜香，滋味变得醇和，叶底泛红。

❦ 普洱砖茶（生茶）

❦ 普洱饼茶（生茶）

❦ 普洱沱茶（生茶）

按蒸压形状分为砖、饼、沱、柱等紧压茶，一般不做实物标准样，由企业按加工工艺要求进行生产留存。

（2）普洱熟散茶。普洱茶（熟茶）散茶按品质特征分为特级、一级至十级共11个等级，根据各级别的品质要求逐单制作实物标准样，即特级、一级、三级、五级、七级、九级。各级标准样为该级别品质的最低界限。

①特级：条索紧细，匀整，色泽红褐润显毫，净度匀净；内质滋味浓醇甘爽，陈香浓郁，汤色红艳明亮，叶底红褐柔嫩。

②一级：外形条索紧结，匀整，色泽红褐润较显毫，净度匀净；内质滋味浓醇回甘，陈香浓厚，汤色红浓明亮，叶底红褐较嫩。

③三级：外形条索尚紧结，匀整，色泽褐润尚显毫，净度匀净带嫩梗；内质滋味醇厚回甘，陈香浓纯，汤色红浓明亮，叶底红褐尚嫩。

④五级：外形条索紧实，匀齐，色泽褐尚润，净度尚匀稍带梗；内质滋味浓醇回甘，陈香尚浓，汤色深红明亮，叶底红褐欠嫩。

⑤七级：外形条索尚紧实，尚匀齐，色泽褐欠润，净度尚匀带梗；内质滋味醇和回甘，陈香纯正，汤色褐红尚浓，叶底红褐粗实。

⑥九级：外形条索粗松，欠匀齐，色泽褐稍花，净度欠匀带梗片；内质滋味纯正回甘，陈香平和，汤色褐红尚浓，叶底红褐粗松。

（3）普洱熟紧压茶。普洱熟紧压茶形状端正、匀称，松紧适度，茶条清晰可见，茶表面和边缘光滑、棱角分明（砖形），不起层掉面，撒面均匀（或无洒面），色泽红褐。内质汤色红浓明亮，滋味醇厚回甘，香气陈香，叶底红褐。不

❦ 特级普洱熟散茶（干茶）　　❦ 一级普洱熟散茶（干茶）　　❦ 三级普洱熟散茶（干茶）

❦ 五级普洱熟散茶（干茶）　　❦ 七级普洱熟散茶（干茶）　　❦ 九级普洱熟散茶（干茶）

❧ 普洱砖茶（熟茶）

❧ 普洱饼茶（熟茶）

❧ 普洱沱茶（熟茶）

同时间的普洱茶（熟茶）由于受到外界存放环境的影响，品质也发生变化：由于后发酵的作用，普洱茶（熟茶）外形形状稍疏松，边缘稍有脱落，其他无太大变化；变化最大是内质，汤色变得更透亮，似红葡萄酒的颜色，滋味慢慢由浓、厚向醇和甜醇转变。同样按蒸压形状分为砖、饼、沱、柱等紧压茶，一般不做实物标准样，由企业按加工工艺要求进行生产留存。

（4）普洱茶特型茶。普洱特型茶是有别于传统中燕窝形的普洱沱茶、长方形的普洱砖茶、正方形的普洱方茶、圆饼形的七子饼茶等其他造型特异的普洱紧压茶，如云南贡茶、金瓜贡茶巨型饼等。一般具有其独特的意义。

（二）普洱茶审评

茶叶感官审评主要针对茶叶品质、等级、制作等质量问题进行评审。评茶的目的有两个，一是为制茶工艺提出改进意见，起指导生产的作用；二是为市场销售起到向导、媒介的作用。具体来说，评茶有"对样评茶""非对样评茶"两种方法，对样评茶主要从实际角度考虑，往往涉及价格关系。大多用于收购、加工、出厂、验收销售等方面。非对样评茶主要是茶叶品质如何、制茶工艺上存在什么毛病，为改进提高品质提出意见。

普洱茶审评要求按照普洱茶的感官审评《地理标志产品　普洱茶》（GB/T 22111—2008）及《茶叶感官审评方法》（GB/T 23776—2018）进行审评。评分系数采用百分制。根据所审评茶类确定品质权数。各项因子用百分制打出分数后乘以品质权数，然后逐项相加即得到该茶所得分数。普洱茶审评根据审评方式可分为对样审评和盲评两类；审评基本术语根据审评对象不同而有所差异，审评常用副词有：较、稍、略、欠、尚、带、有、显、微。

普洱茶品质因子评分系数

茶类	外形（%）	汤色（%）	香气（%）	滋味（%）	叶底（%）
普洱散茶	20	15	25	30	10
普洱紧压茶	20	10	30	35	5

1.普洱散茶审评　一般而言，茶叶质量的感官鉴别都分为两个阶段，即按照先"干评"（即冲泡前鉴别）后"湿评"（即冲泡后鉴别）的顺序进行。"干评"包括了对茶叶的形状、色泽、整碎、净度等方面指标的体察与目测。不同种类的茶叶外形各异，但一般都是以细密、紧固、光滑、质量等的程度作为衡量标准的，这是共性，接着观察茶叶的油润程度、芽尖和白毫的多寡、茶梗、籽、片、末的含量，并由此来判断茶叶的色泽，嫩度和净度，最后通过鼻嗅来评价茶香是否浓郁，有无霉、焦等异味。"湿评"则包括了对茶叶冲泡成茶汤后的香气、汤色、滋味、叶底四项内容的鉴别。即闻一闻茶汤的香气是否浓郁、观察茶汤色度、亮度和清浊度，品尝其味道是否醇香甘甜、叶底的色泽、薄厚与软硬程度等。

（1）普洱茶散茶外形审评。将缩分后的具有代表性的茶样200～300克，置于评茶盘中双手持圆的边沿。运用手势作前后左右的回旋转动，使样茶盘里茶叶均匀地按轻重、大小、长短、粗细等不同有次序地分布，然后均匀上层、中层、下层。

普洱散茶的外形评定，评比条索、色泽、整碎、净度四项因子，侧重色泽。条索主要看松紧、重实的程度，整碎主要看匀齐度，净度主要看含梗量的多少，色泽看含芽叶的多少；熟茶散茶，以色泽褐红为好，色泽发黑或花杂、枯暗均

"发酵"不好，品质较差。看色泽是否均匀一致，均匀一致的表示"发酵均匀"，品质好，色泽花杂有青张表示发酵不匀，品质较差。高品质的普洱茶外形金毫显露、条索紧结、重实、色泽褐红、润泽、调匀一致。

（2）普洱茶散茶内质审评。从评茶盘中称取具有代表性茶样3克或5克，茶水比为1:50，置于相应的评茶杯中，注满沸水，加盖浸泡2分钟，按冲泡顺序依次等速的将茶汤沥入评茶碗里，审评汤色、嗅杯里叶底香气、尝滋味之后，进行第二次冲泡，时间为5分钟，沥出茶汤依次审评汤色、香气、滋味、叶底。汤色以第一泡为主评判，香气、滋味以第二泡为主评判。

①汤色。主要比色度、清浊度、亮度。晒青毛茶茶汤色要求黄透亮、明亮，汤色暗且浑浊为差；普洱熟茶（散茶）茶汤色要求红浓明亮，深红色为正常，黄、橙黄或深暗的汤色均不符合要求，如汤色橙黄或深暗是"发酵"工艺掌握不好，发酵不匀或发酵过度均可出现此种情况。

②香气。主要香气纯度、持久度。普洱茶熟茶要求有陈香味，晒青毛茶要求香气的纯异度、丰富度及持久性。

③滋味。主要看滋味的醇和、爽滑、回甘等。

醇和：味清爽带甜、鲜味不足、刺激性不强。

爽滑：爽口，有一定程度的刺激性，不苦不涩，滑与爽口有一定的相同意义，"滑"与"涩"反意，茶汤入口有很舒服的感觉，不涩口。"醇滑"是陈年普洱茶的滋味，一般普洱茶滋味"醇和"，普洱茶忌苦、涩、酸味，如有苦、涩、酸味，均是发酵不好或品质太新。

回甘：茶汤中的理化成分与口腔唾液中的蛋白质相结合发生反应，产生了茶汤入口时苦涩，但迅速消退转化为甘甜的滋味。即为常说的"入口微苦，回味清甜"。

④叶底。主要看嫩度、色泽、匀度，而侧重匀度。因为匀度好，叶底色泽均匀一致的，表示"发酵"均匀。相反，叶底如有"焦条"叶张不开展，甚至叶底碳化成黑色，表明"发酵"堆温过高，发生"烧心"产生焦条，这种情况下，一般汤色较浅，滋味淡，叶底如有"青张"，说明后发酵不匀。

（3）审评基本术语。

晒青茶审评

项目	基本术语
外形	紧实、肥壮、重实、粗松、墨绿、黄绿、深绿、油润、显毫、匀净
香气	清香、嫩香、花香、馥郁、浓郁、纯正、持久、高扬、低闷
汤色	嫩绿明亮、浅绿明亮、黄绿明亮、黄亮、欠亮、浑浊、尚明亮
滋味	鲜醇、醇厚、鲜爽、生津回甘、苦、涩
叶底	嫩绿、黄绿、花杂、匀齐、匀整、尚匀齐、尚嫩

普洱散茶（熟茶）审评

项目	基本术语
外形	条索：紧结、肥硕、重实、显毫；粗松、朴片 色泽：红褐、褐红、油润；泛灰、枯暗 整碎：匀整 净度：匀净；带粗老梗、朴片
汤色	红褐、褐红、红浓、深红、橙红、橙黄、暗、透亮、明亮
香气	陈香、浓郁、纯正、平淡、杂异味、高扬、低闷、持久
滋味	浓厚、醇厚、浓醇、醇和、纯正、平和、平淡
叶底	红褐、黄绿、橙黄、橙红、泛红、枯润、粗老、硬、柔润、匀

2.普洱紧压茶审评

（1）普洱紧压茶审评方法。

①普洱紧压茶外形审评。普洱紧压茶不分等级，外形有圆饼形、碗臼形、心脏形、方形、柱形等多种形状和规格。压制成块的、成个的茶（砖茶、沱茶、饼茶）的外形审评产品压制的松紧度、匀整度、表面光洁度、色泽和规格。分里、面茶的压制茶，审评是否起层脱面，包心是否外露等。形态是否端正、棱角（边

缘）是否分明、整齐、光滑、厚薄是否一致，模纹是否清晰，不起层落面。紧压茶要求松紧适度，过松、过紧都不符合要求。

②普洱紧压茶内质审评。

内质审评：从评茶盘中称取有代表性的茶样3克或5克，茶水比1：50，置于相应的评茶杯中，注满沸水，根据紧压程度加盖浸泡2～5分钟，按冲泡顺序依次等速的将茶汤沥入评茶碗里，审评汤色、嗅杯里叶底香气、尝滋味之后，进行第二次冲泡，时间为5～8分钟，沥出茶汤依次审评汤色、香气、滋味、叶底。结果以第二泡为主，综合第一泡进行评判。

（2）普洱紧压茶审评注意事项。

①汤色。审评汤色要及时，因茶汤中的成分和空气接触后很容易发生变化。汤色易受光线强弱、茶碗规格容量多少、排列位置、沉淀物多少、冲泡时间长短等各种外因的影响。

②香气。嗅香气时要注意以下几点：

掌握茶叶冲泡时散发香味的时间。

注意嗅香温度：适合人的嗅香温度为50～55℃，超过则有热烫的感觉，影响灵敏度。但低于40℃则心气低闷。

嗅香时间：一般一次3～5秒，嗅三次：热嗅、温嗅、冷嗅。

③滋味。尝滋味时需注意应注意以下几点：

茶汤温度：以45～55℃为宜，60℃烫嘴，40℃则茶汤涩味加重，鲜度降低。

茶汤数量：每次取茶入口适宜量为4～5毫升。少于3毫升则嘴空，感觉不灵敏；多于8毫升则嘴满，茶汤难回旋分辨。

时间：一般为3～4秒，在口中回旋2～3次即可。时间长，会使味觉减弱，必要时可重复品尝2～3次。

尝味方法：茶汤一进口，先判别杂味和特殊品种味，再判别浓醇度，后回想甘鲜味，要重视茶进口时最初的感觉。重复品尝时应按照由淡至浓、低级至高级的顺序进行。

④叶底。评叶底时需注意应注意以下几点：

嫩度：叶子是柔软有弹性还是硬挺。

匀整度：叶底大小是否一致，断碎叶片多还是少。

变色程度：茶鲜叶经加工叶子应转为黄绿色，如为青绿色即为杀青不足，墨绿色即为发酵不够。

品质缺点：生产方面的缺点，如叶子嫩粗不匀、节长梗粗、叶色浓；制茶方面的缺点，主要是叶子青张、青绿、花杂、断碎或含有夹杂物等。

普洱紧压茶（生茶）审评

项目	基本术语
外形	周正、洒面均匀、松紧适度、黄绿、墨绿、褐绿、油润、枯暗、显毫、匀净
汤色	黄、黄绿、绿黄、橙黄、透亮、明亮、欠亮、清澈、浑浊
香气	清香、嫩香、花香、馥郁、浓郁、平淡、杂异味、高扬、低闷、持久
滋味	浓强、浓醇、醇厚、醇和、纯正、平和、回甘
叶底	黄绿、墨绿、深绿、油润、柔嫩、匀齐 枯暗、粗硬、粗老

普洱紧压茶（熟茶）审评

项目	基本术语
外形	周正、洒面均匀、松紧适度、褐红、红棕、棕红、棕褐、枯暗、油润、灰暗、显毫、匀净
汤色	红浓、深红、红褐、褐红、透亮、明亮、欠亮、清澈、浑浊
香气	陈香、枣香、药香、木香、菌香、馥郁、浓郁、纯正、平淡、杂异味、高扬、低闷、持久
滋味	浓厚、醇厚、浓醇、醇和、顺滑、纯正、平和、回甘
叶底	红褐、棕褐、黄褐、枯暗、粗硬、粗老、柔嫩、匀齐

3.普洱茶品质现象及成因

（1）汤色发暗或过浅：发酵过度或不足。

（2）叶底手搓如泥状或花杂不匀：发酵过度或发酵不均，花杂不均也可能是由于拼配不当造成。

（3）松紧不适，太紧：压力过大。

（4）形状不周正、不规整：没有成形或形状不好，是由于压制不当造成。

（5）滋味苦涩、酸馊：发酵轻、过度。

（6）发酵气味浓：表明该茶出厂时间不长，发酵气味还未散失，但如果发酵很好的茶随着存放时间的延长，发酵气味会消失。

（7）仓味或霉味：该茶为品质有问题的茶，不能饮用。

（8）有异味或杂味：存放或加工环境不当造成，加工过程中产生杂菌导致。

（三）普洱茶品赏

1. 有机茶品赏　有机茶在肥料的使用上多以有机肥为主，配以合理的茶园间作作物，从而在提高产量的同时又能提高普洱茶的品质。

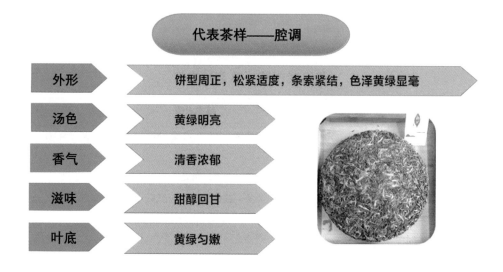

2. 古树茶的品赏　古树茶因为获取了土壤深层的矿物质成分，能以内质丰富的最佳状态将各山头的独特性体现出来。古树茶入口滋味醇厚，苦涩味所化出的甘性让口腔生津，韵味久留于口腔、喉头。

不同茶山古树茶品质特征

茶山	古树产地	茶质特色
南糯	竹林寨、半坡寨、姑娘寨等	微苦涩，回甘、生津好，汤色橘黄、透亮，蜜香显著
南峤	曼岭大寨、南楞村等	茶性口感薄甜，汤色深橘黄，香气一般，茶叶等级低
勐宋	勐宋大寨、苗锄山、曼加干边、曼加角等	回甘较快、山韵明显、香气饱满、汤质厚重、杯底香强
景迈	景迈、芒景、勐本、老酒房等	回甘快而持久、汤质饱满、苦涩明显、山韵优雅
布朗	老班章、老曼娥、新班章、曼糯等	生津回甘快而持久、滋味浓烈、苦涩明显
巴达	章郎、曼帕勒等	回甘快而明显、香气纯正、苦涩明显、汤中有甜

3.老茶的品赏

（1）岁月茶赏析。

①金瓜贡茶。金瓜贡茶（人头贡茶），始于清雍正七年（1729）。相传制人头贡茶的茶叶，均由未婚少女采摘，且都是幼嫩的茶芽。这种茶芽，经长期存放，会转变成金黄色，所以人头贡茶亦称"金瓜贡茶"或"金瓜人头贡茶"。20世纪60年代期间，北京故宫中的金瓜贡茶由于历史原因尚有一个留存，经后期开汤审评，其滋味淡薄。

②同庆号圆茶。同庆号始于雍正十三年（1735），制茶历史已百余年。其每筒的饼间都压着"龙马"商标内票一张，白纸红字。清朝乾隆年间，同庆号普洱茶就被官府定为贡茶。同庆号茶选料精细，做工优良，茶韵悠远，在业界享有"普洱茶后"的美誉。

③宋聘号圆茶。宋聘号茶庄于清光绪六年（1880）创"钱利贞"商号，后

改"乾利贞"号。民国初年，宋聘号与石屏商号"乾利贞"联姻合并，更名"乾利贞宋聘号"。有"茶王宋聘"之称。以内票颜色不同有"蓝票""红票"之分。

④福元昌号圆茶。福元昌又称元昌号，和宋云号同时创于光绪初年间，专门采用易武山大叶种普洱茶叶，制造精选茶品，售国内及海外市场。现在的最古老的福元昌圆茶，产于光绪年间，已历时100年左右。其茶香多呈樟木香，滋味顺滑。

（2）陈茶赏析。

①红印圆茶。红印因其茶饼内飞为红色八印而得名，始创于1940年，终于20世纪50年代中期。红印分为无纸早期红印、有纸红印、早期红印、后期红印。

②88青饼。"八八青"是香港陈国义先生命名的，是一种俗称，指1988—1992年生产的某一批茶号为7542的七子饼。"八八青"的意思是以广东人的口音8字是代表行运与发财的好兆头。

③铁饼。1992年昆明茶厂生产的铁饼，用料肥大，并带粗老叶，有类似"桂圆"的老香气。品质仿"7572"，外形有类似"铁饼"的齐边，此饼型为昆明茶厂所制。

④中茶92方砖。92方砖指1991年11月至1993年1月生产的100克生茶小方砖"普洱方茶"。用料高档，砖形光滑较薄，字迹清楚，有光泽。被茶友们奉为勐海茶厂的巅峰之作，后来被人们尊称为"九二方砖"。

4. 科技普洱的品鉴

（1）LVTP的品鉴。LVTP（洛伐他汀）普洱熟茶是应用专利红曲菌株MPT13（专利号：201010182965.9）制成发酵剂，接种于普洱茶晒青毛茶经过大生产发酵而成，既保持传统的风味，同时又具有新的香气（酯香浓郁）和滋味（顺滑、醇厚）特性，同时通过动物降脂试验证实，洛伐他汀普洱茶具有良好的降脂效果。洛伐他汀普洱茶水提取物对高脂试验大鼠总胆固醇（TC）、甘油三酯（TG）、低密度脂蛋白胆固醇（LDL-C）均有降低的作用，对高密

度脂蛋白胆固醇（HDL-C）有升高的作用。同时，洛伐他汀普洱茶通过抑制
高脂试验大鼠脂质在肝组织内的积聚、炎症因子的合成与释放，减少了炎症的
发生。

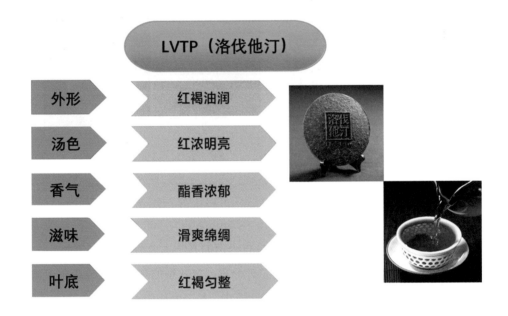

（2）GABA的品鉴。GABA（γ-氨基丁酸）是中枢神经系统的抑制性传递
物质，是脑组织中最重要的神经递质之一，参与大脑的许多生理活动，具有改善
大脑内细胞代谢、血液循环和增加大脑氧气的供给等功能。研究表明，GABA具
有很高的生理活性，如降压、改善脑机能、增强记忆、抗焦虑、控制哮喘、防止
肥胖、促进生殖、活化肝肾、改善神经细胞性老年痴呆、缓解脑血栓、脑动脉硬
化造成的头疼、耳鸣等生理功能。

GABA普洱生茶应用自主专利设备（专利号：201120132521.4）处理鲜
叶，以最优工艺加工成GABA普洱茶（生茶）。GABA含量符合GABA茶标准
（≥150毫克／100克）。外形和内质均符合国标感官审评的普洱生茶标准。

GABA 普洱生茶

外形	墨绿油润
汤色	橙黄明亮
香气	栗香浓郁
滋味	爽滑鲜甜
叶底	黄绿匀齐

5. 普洱茶深加工产品品鉴

（1）普洱茶膏的品鉴。普洱茶膏是将云南的乔木大叶种茶叶经过加工后，通过特殊的方式将茶叶的纤维物质与茶汁分离，将获得的茶汁进行再加工，浓缩干燥而成。有史书记载，茶膏就是茶的精华，是云南历史上普洱"八色贡茶"之一。

普洱生茶茶膏：

外形——色泽黑亮　汤色——橙黄明亮　香气——浓郁　滋味——鲜浓

普洱熟茶茶膏：

外形——色泽黑亮　汤色——红浓明亮　香气——陈香独特　滋味——醇厚

（2）普洱茶粉的品鉴。普洱茶粉由于用途广泛，使用方便、口感好、保健功效更好，深受市场欢迎。

普洱生茶茶粉：

汤色——黄亮　香气——鲜亮　滋味——鲜醇

普洱熟茶茶粉：

汤色——红浓明亮　香气——馥郁　滋味——浓厚

普 洱 生 茶 品 鉴 表

评茶人：_____ 审评时间：_____年____月____日 审评地点：_____

茶品名称：_____ 茶厂名称：_____

	项目	描述与参考分值（特异情况记录于最右列）	得分
外形 20%	饼型 10%（紧压茶）	（饼型）3 周正、2 较周正、1 变形	
		（边缘）3 光滑、2 较光滑、1 脱边	
		（松紧）2 适度、1 过紧、1 过松	
		（厚薄）2 均匀、1 欠均匀	
	紧结度 5%（晒青茶）	5 紧结、4.5 紧直、3.5 纤细、3 粗松	
	整碎 5%（晒青茶）	5 匀嫩、4.5 匀整、4.5 匀齐、3 短碎	
	净度 5%	5 匀净、4.5 洁净、3.5 黄片、3 朴片、3 梗	
	色泽 5%	（色）3（黄绿、绿黄、墨绿、深绿、黄褐、浅绿）、2 花杂、1.5 灰褐、1.5 泛青	
		（泽）2 鲜活、2 油润、1.5 调匀、1 灰暗、1 枯暗	
香气 30%	类型（不评分）	清香、花香、毫香、果香、蜜香、甜香	
	纯度 20%	20 浓郁、19 馥郁、17 醇正、16 纯正、14 纯和、12 平和、10 粗气、10 烟气、10 蛤气、10 酸馊气、10 霉气	
	高低 5%	5 高扬、4.5 上扬、3 平淡、3 清淡、2 沉闷	
	长短 5%	5 持久、3 较持久、2 不持久	
汤色 10%	类型（不评分）	黄绿、绿黄、浅黄、黄褐、橙黄	
	明亮度 10%	10 清澈、10 明亮、8 尚亮、7 沉淀物多、6 浑浊、5 晦暗	
滋味 30%	醇厚度 10%	10 浓强、10 浓厚、10 醇厚、8 醇正、8 纯正、6 砂感、6 平淡	
	甜滑度 10%	10 甜绵、10 甜润、10 顺滑、10 润滑、9 尚甜、8 平滑、7 平淡、6 寡淡、5 粗淡、5 粗糙	
	回甘 5%	5 强、4 尚强、3 一般、2 弱	
	耐泡性 5%	5 耐泡、3 较耐泡、2 寡（水味）	
	韵味（加分，非必填）	5 强、4 尚强、3 一般、1 弱	
	异杂味（减分，非必填）	苦味、酸味、水味、辛味、辣味、酵味、燥感、馊味、咸味、锁喉、霉味、腐味（出现1项减2分）	
叶底 10%	匀嫩度 10%	10 弹性、9 匀嫩、7 柔软、6 粗硬	
	色泽	黄绿、绿黄、黄褐、油润、枯暗	

总体分数与评价：

普 洱 熟 茶 品 鉴 表

评茶人：_____ 审评时间：_____年____月____日 审评地点：_____

茶品名称：_____ 茶厂名称：_____ □熟散茶 □紧压茶

项目		描述与参考分值（特异情况记录于最右列）	得分
外形20%	饼型10%（紧压茶）	（饼型）3周正、2较周正、1变形	
		（边缘）3光滑、2较光滑、1脱边	
		（松紧）2适度、1过紧、1过松	
		（厚薄）2均匀、1欠均匀	
	紧结度5%（晒青茶）	5紧结、4.5紧直、3.5纤细、3粗松	
	整碎5%（晒青茶）	5匀嫩、4.5匀整、4.5匀齐、3短碎	
	净度5%	5匀净、4.5洁净、3.5黄片、3朴片、3梗	
	色泽5%	（色）3（橙黄、橙红、褐红、棕红、棕棕、红棕、褐红、红褐、棕褐）、2花杂、1.5灰褐、1.5泛青	
		（泽）2鲜活、2油润、1.5调匀、1灰暗、1枯暗	
香气30%	类型（不评分）	陈香、荷香、兰香、樟香、花香、药香、木香、果香、蜜香、糖香	
	纯度20%	20浓郁、19馥郁、18醇正、17纯正、16纯和、15平和、12醇气、12烟气、12粗气、12闷气、10酸馊气、10霉气、10腐气、10蛤气	
	高低5%	5高扬、4.5上扬、3平淡、3清淡、2沉闷	
	长短5%	5持久、3较持久、2不持久	
汤色10%	类型5%	5红浓、5深红、4.5棕红、4.5红褐、4棕褐、3.5橙红、3.5褐红、3暗红、2.5黑褐、2暗黑	
	明亮度5%	5清澈、5明亮、4尚亮、3.5沉淀物多、3浑浊	
滋味30%	醇厚度10%	10浓强、10浓厚、10醇厚、8醇正、8纯正、6砂感、6平淡	
	甜滑度10%	10甜绵、10甜润、10顺滑、10润滑、9尚甜、8平滑、7平淡、6寡淡、5粗淡、5粗糙	
	回甘5%	5强、4尚强、3一般、2弱	
	耐泡性5%	5耐泡、3较耐泡、2寡（水味）	
	韵味（加分，非必填）	5强、4尚强、3一般、1弱	
	异杂味（减分，非必填）	苦味、酸味、水味、辛味、辣味、酵味、燥感、馊味、咸味、锁喉、霉味、腐味（出现1项减2分）	
叶底10%	匀嫩度10%	10弹性、9匀嫩、7柔软、6粗硬	
	色泽	红褐、棕褐、灰褐、泛青	

总体分数与评价：

第六章

普洱茶的包装、
选购与储存

一、普洱茶的包装

普洱茶作为云南省具有民族性、地域性的特色产品，其包装除满足茶叶包装的一般要求外，还体现了普洱茶文化的内涵，并且将云南独特的民族文化与地域文化融入普洱茶的包装设计中，充分体现出普洱茶悠久的历史、独特的文化和典型的地域特征。现代意义上的普洱茶包装是一个具有崭新内涵的概念：艺术与审美上保持和发扬传统的艺术风格；包装上体现着普洱茶悠久而独特的文化底蕴；工艺、实用和环保上更合理与科学；使用现代的包装设计理念赋予其独特的民族元素，具有一种时代美。

普洱茶的包装不仅能保护普洱茶不被损坏，而且还能方便普洱茶的贮运，促进普洱茶的销售，提高普洱茶的产品价值。普洱茶包装通过对云南传统文化的理解，找到与普洱茶和现代生活的关联，让传统文化在普洱茶的包装中获得新生，让普洱茶这一历史名茶在现代消费者心中更具文化内涵和魅力。

（一）普洱茶的包装形式

普洱茶的包装形式，按形态大致可分为逐个包装、内包装和外包装三种。逐个包装是指到达消费者手中的最小包装，就是普洱茶外包裹的纸质包装，七子饼茶一般采用绵纸包装，砖茶和沱茶采用牛皮纸或白鸡皮纸，金瓜贡茶通常没有逐个包装。包装上印有茶叶的品名，茶料的来源地，品牌名称、净重、生产日期、生产厂家及地址等商品信息。

内部包装是将逐个包装的普洱茶分组以较大单位放进中间容器里的状态和技术，如七子饼茶7个为一组，用竹笋叶包装，以麻绳或钢丝捆扎成筒状；沱茶通常5个为一组，用牛皮纸或竹笋叶包装成条状。

为了加以保护和搬运方便，将茶叶放入纸箱、竹筐等容器中的状态和技术称为外包装。外包装有缓冲、防湿、固定等作用。包装材料通常有竹筐、纸箱等。竹筐是选用无异味、无虫蛀的竹篾，以斜纹编织而成的包装容器，内装12筒饼茶为一件，以绳索封扎。纸箱一般为瓦楞纸箱，内衬塑料薄膜，然后定额装盒，外用塑料袋捆扎，标明品名、茶号、净重、单位名称、批号，每件重量统一。熟茶散茶多以销售商准备的锡桶或铁皮桶等进行包装。

（二）普洱茶的包装材料

目前，市场上用于普洱茶包装的材料种类较多，大体上可分为硬包装、半硬包装和软包装三类，如硬包装有铁罐、锡罐及工艺木盒、竹盒、工艺刻花镀金盒等；半硬包装有各种硬纸盒、竹编或草编篮、筐；软包装有纸包装、粗布及细麻袋等。

（1）竹壳包装。又称"竹箬"，早年采用云南天龙竹、香竹壳作为筒身包装，此类竹壳较为柔软、无刚毛。近年因销售量大增，竹壳相对不足，以其他质地较硬、刚毛较多的竹壳替代。

（2）竹篾包装。将竹皮削成软条状，用以包扎筒身。1999年开始，在昌泰茶行"易昌号"开始大量使用后，被市场认同。

（3）牛皮纸包装。牛皮纸包装最早应于1973年开始，是国营下关、勐海茶厂用以外销的茶品包装，配合牛皮纸筒装，如成件包装则改以纸箱。早期茶品包装代表如七子黄印、中茶简体字、七子铁饼、中茶繁体字8653等，后期茶品包装代表有1997年茶商订制的茶品"老树圆茶"。

（4）草纸包装。草纸包装是七子黄印、中茶简体字、七子铁饼、73青饼、早期红带青饼等所使用的外包纸张。手工制作，条纹明显，有厚薄之分，而薄的较为普遍。

（5）厚绵纸包装。早期的绵纸包装以8582为代表，时间从20世纪80年代中期开始，到1992年最后一批厚绵纸生产后结束。其间生产厚绵纸7542、8592、7572等。其主要特色为手工制作、条纹不明显、单面油光，略有厚薄之分。在1996年之后，也有厂家专门生产厚绵纸，但与之前的纸质差异较大，比较容易辨识。

（6）网格纸包装。比厚绵纸的出现稍晚，大约出现在1987—1992年，勐海茶厂常规茶品都有使用这类纸张，下关茶厂代表性茶品于1986—1987年也有使用过，其特征为手工制作，纸张有明显的网格点状。

（7）手工薄绵纸包装。晚于网格纸出现的时间，大约是在1990—1994年，以7542、7572为代表茶品。其特征在于不规则纸浆纹路，厚薄差异较小，比网格纸薄，但容易破损。

（8）机器薄纸包装。大量出现是从1995年开始，国营厂里多数常规七子饼茶均使用。主要特色为短细纤维纸浆均匀，没有不规则纤维条索。

（三）普洱茶的包装设计

普洱茶具有吸湿性、氧化性、吸附性、易碎性、易变性等特征。其对外界的异味极其敏感，当包装的气密性不符合要求时，会吸附周围环境的各种气味，味道变淡，甚至变质不能饮用。因此，茶叶的包装必须具备密封性好、遮光、避气、防潮、防挤压等条件。

现如今，茶叶产品包装具有种类多元化的特征，从材料质地不同方面可以分为软包装、半硬包装和硬包装三类。其中软包装主要是指利用复合袋、塑料食品袋以及纸袋进行包装，硬包装则要是指利用镀金盒、竹盒、木盒、铁盒以及玻璃瓶、铁瓶、瓷瓶等进行包装。包装材料间没有明确的好坏之分，各有利弊。应当以包装需求为依据，对不同的包装材料做出有针对性地选择。

在茶叶产品的包装设计中，色彩的合理设计能够为消费者带来最大的视觉冲击体验，从而激发消费者的购买欲望。因此，对于茶叶包装外观设计而言，色彩设计是重点内容。茶叶包装中的色彩设计会受到茶叶产品属性以及茶叶品牌的制约，而色彩本身也具有自身的属性。因此，在色彩设计中，应当力求色彩的选择与茶叶的属性和品牌的特征相适应，确保主色调与配色的合理搭配，从而带给消费者清新明快的感觉。就普洱茶生茶来说，其在外形上，色泽墨绿油润、香气清纯持久、滋味浓醇甘爽、汤色金黄明亮，叶底肥厚黄绿。因而在包装色彩设计上，普洱茶生茶较适宜运用明度不高的中性色或冷色，如乳白色、中灰色、浅咖啡色、深黄绿色或米黄色等色彩。色彩的运用延续到外包装上，使内外呼应整体统一；色彩的运用能较准确地体现普洱茶属性，同时也方便消费者在选择购买时进行辨别。

二、普洱茶的选购

（一）概述

要选购、储藏普洱茶，重中之重是正确识别普洱茶的品质差异。

对于普洱茶商品价值的认识，无论是谈茶叶内在本身，还是讲包装茶叶的纸张、厂家、牌号、销售价格，还是从专业学科角度出发识别茶叶，树立科学正确的理念都极为重要。好的普洱茶，原则上要从普洱茶的原料、加工工艺和储存的环境条件三个方面综合评判。往往好的原料、精湛的加工工艺和科学的贮放方法获得的普洱茶，最能反映出普洱茶的陈韵，同时体现普洱茶甘滑、醇厚的主要品质特征。

市场上的普洱茶产品种类繁多，对于普通选购者来讲，短时间内很难分辨得清楚。因此对于初学普洱茶者，具备一定的茶学知识是必要的。消费者应该从茶叶本身以及品饮后的感觉来判断商品茶的价值；研究者则应该在品饮后结合产品的来源、生产厂家、包装真实性综合地做出评判。

要选购到一款自己满意的普洱茶，还需了解普洱茶不同历史阶段的产品特性、产品的形成、代表产品性。如20世纪40年代生产的普洱茶代表是中茶牌圆茶，印有红印、绿印，市场上流通的已很稀少。20世纪60年代后中茶牌圆茶改制成七子饼茶，印有红印、绿印，增加了蓝印，这类产品也不多。进入20世纪70年代为适应市场发展的要求，发酵普洱茶诞生。但是有一点是值得消费者注意的，当时的普洱茶在选料上比较粗老。用较为细嫩原料生产的宫廷普洱茶是20世纪90年代后的事。选购和储藏普洱茶，有了这些基本常识外，还须掌握普洱茶分级、外形与内质等特征。

（二）品质的认知——普洱茶的不同种类与级别

普洱茶以地理标志保护范围内（11个州、市，75个县、市、区，639个乡、镇、街道办事处）的云南大叶种晒青茶为原料，并在地理标志保护范围内采用特定的加工工艺制成，具有独特品质特征。

其按照加工工艺及品质特征分为普洱茶（生茶）、普洱茶（熟茶）两种类型。按外观形态分普洱（熟）散茶、普洱（生、熟）紧压茶。

1. 普洱（熟）散茶　普洱（熟）散茶外形应具有条索肥壮紧实，色泽褐红（或带灰白色），内质汤色红浓明亮，陈香浓郁，滋味醇浓，爽滑回甘，叶底红柔软，经久耐泡等特点。

目前来讲，市场上出售的熟散茶基本分为普洱金芽、宫廷普洱、礼茶、特级及一到十级等。现将不同级别熟散茶的品质特征列表如下，以供参考：

各级普洱（熟）散茶品质特征

级别	外形	汤色	香气	滋味	叶底
普洱金芽	单芽类，全部为金黄色芽头，色泽褐红亮，条索紧细	红浓明亮	馥郁持久	浓醇回甘	细嫩，匀亮
宫廷普洱	条索紧致细嫩，金毫显露，色泽褐红（或深棕）光润	红浓	陈香浓郁（或有槟榔香、桂圆香、甜香等）	浓醇回甘	细嫩、褐红
礼茶	条索紧直较嫩，金毫显露	红浓	陈香浓郁	浓醇	细嫩、褐红
特级	条索紧直较细，显毫	红浓	陈香浓郁	醇厚	褐红、较细嫩
一级	条索紧结稍嫩，较显毫	红浓	浓纯	醇厚	褐红肥嫩
三级	条索紧结，尚显毫	红浓	浓纯	醇厚	褐红柔软
五级	条索紧实，略显毫	深红	纯正	醇和	褐红欠匀，尚柔软
七级	条索肥壮紧实，色泽褐红稍灰	深红	纯和	醇和	褐红欠匀、尚嫩
九级	条索粗大尚紧实，色泽褐红稍灰	深红	纯和	醇和	褐红欠匀、尚嫩

2. 普洱（生、熟）紧压茶　普洱紧压茶外形应具有形状匀整端正、棱角整齐、模纹清晰、不起层掉面、洒面均匀、松紧适度的特点。

普洱（熟）紧压茶内质特征与前面熟散茶相同；普洱（生）紧压茶是纯自然后发酵的普洱茶，生茶当年新茶内质香气清香或花香，滋味浓、汤色黄绿明亮，叶底绿、柔软、匀整。普洱生茶内含物质的转化需要较长时间以及储藏条件的控制。选购普洱生茶，首先要选购用料精良、品质稳定的厂家茶品。其次，要认真品鉴茶的品质。如若储藏得当，储藏中内含物质的变化有利于后期品质的改善与提高。

3. 普洱茶品质基本要求

（1）品质正常，无劣变、无异味。

（2）普洱茶必须洁净，不含非茶类夹杂物。

（3）普洱茶不得着色，不得人为添加任何非茶自身的物质，包括着色剂和香味物质。

（三）茶品的选择——普洱茶的干仓与湿仓

干湿仓是普洱茶在产业发展过程中兴起的一个概念，是普洱茶陈化期的存储方法。"干仓茶"与"湿仓茶"的区别主要取决于仓储环境的相对湿度。将加工好的普洱茶放在相对湿度 ≤ 75% 的干燥仓库让其自然缓慢陈化，以此形成普洱茶特有品质，称为"干仓普洱茶"。反之则为"湿仓普洱茶"，用以加速普洱茶转化。一般情况不建议对普洱茶进行湿仓存放。

那么在选购的过程中，如何辨别"干仓茶"与"湿仓茶"呢？这主要可以从普洱茶的外形、气味、汤色、滋味和叶底来进行综合考量。

1. 外形　干仓普洱茶条索紧结，发酵均匀，油光润泽，颜色鲜润，用手轻敲茶饼，声音清脆利索，充分展现了茶叶的活性；湿仓普洱茶条索松散，颜色暗淡无光泽，且茶叶表面或夹层披白霜，或留有绿霉或灰霉。

2. 气味　干仓普洱茶有陈香味，味道清香干净；湿仓普洱茶由于霉变，打开包装会有一种霉变味，即使经过数十年的陈化，霉味已经闻不出来了，但湿仓茶泡出来的茶汤中仍然会有霉味。

3. 汤色　干仓普洱生茶的汤色是栗红色的，清澈明亮，陈期在数十年以上的，略转深栗色。如干仓陈化的下关铁饼，茶汤呈鲜栗红色，是典型干仓生茶的汤色，而同庆老号普洱茶，已经转向深栗色了。湿仓普洱生茶的茶汤似熟茶一样，但颜色呈暗褐色或黑色。

4.滋味与叶底　干仓普洱生茶的茶汤滋味饱满，有润滑度，口腔刺激感较弱；而湿仓普洱茶存放时间较短的，有些许仓味，年限较长的茶汤滋味粗杂不醇，有强烈的漂浮感，缺乏沉着的韵味。干仓普洱生茶的叶底呈黄栗色或深栗色，柔软而具有活性；湿仓普洱生茶的叶底呈暗红色或黑色，质地柔软，部分会呈腐烂状。

因此经综合考量，在茶品的选择上，一般建议选择干仓存放的普洱茶。

（四）普洱茶选购的自测方法

1.自行进行开汤审评　此等方法连续冲泡3次，此时冲泡出的茶汤色、滋味、香气如若能达到要求，便是一款品质优良的茶叶。

2.六不政策

（1）不以错误年代为标杆：选购时，不可一味地追求茶的年份。

（2）不以伪造包装为依据：在选购普洱茶时，由于当今伪造技术提升，不法茶商完全有能力仿制出与上等茶品一模一样的外包装。

（3）不以深浅汤色为误导：汤色深浅与茶的品质不呈绝对正相关。

（4）不以添加味道为假象：如今很多茶品会以枣香、药香、荷香等香气类型吸引顾客，大家需要"透过现象观其本质"，多回归茶之本身。

（5）不以霉气仓别为辨别：由于普洱茶的陈化是后续不止的，直到用来品饮时为止。有些商家为追逐利润，时而不顾茶的品质，谎称此茶因为陈香所以散发出霉味，需谨慎辨别。

（6）不以树龄叶种为衡标：树龄、叶种并非越老越好。

3.普洱茶的特点

（1）优质普洱茶的特点：

①顺：顺畅，入口柔顺、圆润，它对身体无刺激性，给品饮者亲切而自然的感触；②活：鲜活、活润，物质丰富饱满，是优质普洱茶综合水平的映照；③洁：洁净、卫生、安全；④亮：外形及其所呈汤色均富有光泽度；⑤甘：回甘、回甘生津——回甘迅猛，是优质茶汤对整个口腔的快速反应；⑥滑：主要指熟茶，尤其是陈化度较好、具有一定年份的熟茶，顺滑度更佳；⑦醇：滋味浓醇、醇厚、醇和。

（2）劣质普洱茶的特点：杂、异、干、飘（浮）、酸、霉、麻、叮、刺、刮、挂、苦、酸、辛、辣、酵、燥、馊、咸、涩、干、水味、锁喉等。

三、普洱茶的储存

储存是指把东西或物资聚积保存。在良好的条件下，普洱茶的储存，可以使普洱茶叶色香味品质得到显著提升。

（一）储存条件

普洱茶陈化品质的变化与其储存温度、湿度、光线、氧气、微生物、时间存在显著的相关性，这些因素对普洱茶的甘滑、醇厚、活顺、陈香等品质特点的形成有重要作用。因此，创造一个适宜的储存环境非常关键。其中，温度和湿度的控制尤其重要。储存环境条件不同，其茶叶品质会有很大的差异。

1.温度　普洱茶储存的温度一般保持在25±3℃，不能太高或太低，温度过高会使茶叶氧化加速，部分有效物质减少，从而影响普洱茶的品质；温度过低则转化的速度过慢，亦不利于普洱茶内含物质的转化。

2. 湿度　普洱茶的相对湿度必须控制在75%以下，以55%～65%最佳，这样才能形成良好的普洱茶品质，所以在储存普洱茶时，应严格控制湿度，适时开窗通风，使多余的水分散发。

3. 光线　光照会使普洱茶的某些内含物质发生变化。光照条件下的普洱茶，其色泽、滋味都会发生明显的变化，普洱茶里氨基酸、咖啡因、茶多酚的含量较避光的更低，这样会丧失掉一部分普洱茶原有的风味和成分。且光照下储存普洱茶，会加速茶叶的褐化。长期暴晒的茶叶会有锁喉感，苦味重。所以普洱茶应避光储存。

4. 氧气　氧气对于普洱茶品质的形成和保持亦非常重要，为了提供适量的氧气，普洱茶的储存宜通风透气，尤其是新制的普洱茶。通风口周围的卫生需要格外注意，茶叶属于易吸味、串味产品，所以储存普洱茶的环境不能有异味，不同年份的普洱茶以及普洱生茶与熟茶都要分开存放，否则普洱茶会吸附异味或串味。空气流速也不能过快，以免造成普洱茶味道寡淡，香气散失，茶饼颜色深黑。

5. 微生物　普洱茶之所以能养生，而且其养生的功效优于其他茶类的本质，在于普洱茶中的功能物质是多样的，这种多样源于原料中固有物质的保留；源自后发酵（微生物固态发酵）过程中微生物发挥了重要作用，整个"渥堆（固态发酵）"过程中主要发生了以多酚类为主体的一系列复杂剧烈的生物转化反应和氧化反应，生物转化反应是以微生物分泌的胞外酶进行的酶促催化反应为主。微生物生命代谢产生的酶的作用转化形成新物质，以及微生物生命代谢的产物，这是普洱茶最重要的物质来源；以及源于参与普洱茶品质形成过程中微生物生命残体固有的可溶物质，它参与了普洱茶养生成分的构成。

6. 时间　一定时间的存放是普洱茶品质形成所必需的。普洱生茶的自然陈化一般需要5～10年或更长时间，普洱熟茶的陈化一般需要3～5年时间。但是普洱茶并非存放的时间越长越好，因为存放环境的条件对其品质的形成也非常重要，只有将普洱茶在一定时间内进行科学的存放保持较丰富的有效内含物质，才会产生"越陈越香"的品质特征，品饮的价值也才能得到保障。

（二）储存方式

通常人体感觉比较舒适的温度大概在20 ～ 30℃，而相对湿度则是在50% ～ 70%，对于普洱茶而言这个也是适合的。可以到一些商场或者网络上购买温湿度计，对湿度的变动会更好掌握。较干燥的储存场所应注意适当加湿，太干时普洱茶(尤其是生茶)会进入休眠状态，不利于陈化，所以可以使用加湿器适当增加储存场所的空气湿度。反之，如果过于湿润，可用空调抽湿，也可以单独使用一个小型的抽湿机。

1.**日常储存**　除了通用的避光、控制温湿度外，所有茶都是极易吸取其他异味的，而普洱茶通常不会密封存放，所以更加容易吸收到其他异味，故存放普洱茶的一个重点就是不要让茶吸收到家庭中产生的异味。每一个家庭总是存在这样或那样的家庭杂味，如煮饭和吃饭时产生的油烟味，洗澡清洁时所用的洗涤用品所产生的味道，以及家具释放出的各种气体的味道等。所以，有条件的家庭可以设置专用的存茶房间，无条件设置专用茶房的话，也要让普洱茶与其他味道尽量地分开。

普洱茶是"呼吸"的，其转化的基本条件是需要氧气和水分，日常存放普洱茶须置于干燥、适度通风处，因为流动的空气中氧气含量较为丰富，有利于普洱茶内含物质自身的转化，可促进并加速普洱茶的良性陈化。但要注意普洱茶不宜直接被风吹，也不能将其挂置在阳台上，这样放置的普洱茶，不能转化形成良好的香气，茶味被吹散，饮用起来滋味淡薄。所以，储存普洱茶要有适度流通的空气，但不能放于通风口。

2.**仓库储存**　由于普洱茶具有越陈越香的特点和显著的收藏价值，当普洱茶储存数量较多时，仓库储存也是普洱茶储存的一大方式。仓库储存需要达到以下标准。

（1）普洱生茶与熟茶、老茶与新茶应当分开储存。

（2）仓库周围应无异味：应远离污染源。库房内应整洁、干燥、无异气味。

（3）地面应有硬质处理，并有防潮、防火、防鼠、防虫、防尘设施。

（4）应防止日光照射，有避光措施；应具有通风功能；宜有控温、控湿设施。

（5）仓库内的温度、相对湿度、通风情况，应定期检查，高温、多雨季节应勤查勤看，并做好记录。

（6）应当定期进行仓库清洁、换气、换仓。

（7）禁止家禽家畜进入仓库。

（8）所有的来访者都需要讲究个人卫生要求。

（9）应有防火、防盗措施，确保安全。

总之，储存过程是普洱茶发展香气，巩固、完善和提高品质的重要工序。储存环境应具备避光、避雨淋、通风，温度保持在25±3℃，相对湿度控制在55%～65%的无污染、无异味、清洁卫生的条件。新茶、老茶、生茶和熟茶归类存放，定期进行翻动，使其陈化均匀。禁止茶叶与有毒、有害、有异味、易污染的物品混放。普洱茶科学储存，有利于合理加快陈化效率，提升品质。

第七章

普洱茶的文化鉴赏

一、普洱茶与名人

云南普洱茶历史悠久，以其深厚的文化底蕴，显著的养生功效，醇厚甘滑的品质，深受人们的喜爱。古往今来，不少帝王将相、名人雅士为普洱茶倾倒，与普洱茶结下了不解之缘，乾隆皇帝曾写出"独有普洱号刚坚，清标未足夸雀舌。点成一椀金茎露，品泉陆羽应渐拙"，表达对普洱茶的喜爱之情。他们或以茶会友、或借茶抒怀、或以茶寄寓、或倾之以情、或赞之以文，为此留下的逸闻雅事，成为普洱茶文化中一朵朵璀璨的奇葩。

鲜叶　　　采摘　　　摊凉　　　杀青　　　揉捻

树型　　　风干

晒干　　　压制　　　包装

🌿 普洱茶（生茶）制作

曹雪芹在《红楼梦》中曾多次提到普洱茶的饮用和功效。第六十三回，贾宝玉等人准备夜里私自庆祝生日，正巧碰上来查夜的林之孝家的，贾宝玉谎称自己"因吃了面怕停住食"没睡，于是林之孝家的便说："该沏些个普洱茶吃。"一个王公贵族大户人家的管家，对普洱茶的饮用功效，了然于心，可见，普洱茶在当时十分流行。

清朝末代皇帝爱新觉罗·溥仪（宣统帝）对普洱茶十分喜爱。有一次溥仪到老舍家中做客，两人边品茶边谈天。老舍问道："你当皇帝时喜欢喝什么茶？"溥仪答道："按清宫的生活习惯，我夏季喝龙井茶，冬季则爱喝普洱茶。我每年都不会放过品尝普洱'头贡茶'的。"老舍笑道："真可谓'一盏浇诗畅，清风两腋生'。"一时传为佳话。

鲁迅也是一名普洱茶爱好者，他与许广平以茶传情，二人皆为普洱茶收藏家。他喜欢普洱茶，喜欢厚重的东西，试问还有什么茶比普洱茶更为厚重？他在《喝茶》中写下"有好茶喝，会喝好茶，是一种'清福'。"这句话至今仍是茶桌上流传度最高、被茶友奉为名言的一句茶话。

著名作家余秋雨曾说"人们一旦沉浸于自己的某一身份，常常会忘了其他身份。每当我进入普洱茶江湖，全然忘了自己是一个能写文章的人。"在他眼中，书法、昆曲、普洱茶是"举世独有的三项文化"。其笔下的普洱茶令人向往，"这一种，是秋天落叶被太阳晒了半个月之后躺在香茅丛边的干爽呼吸，而一阵轻风又从土墙边的果园吹来；那一种，是三分甘草、三分沉香、二分当归、二分冬枣用文火熬了三个时辰后再一箭之遥处闻到的药香。闻到的人，正在磬钹声中轻轻诵经；这一种，是寒山小屋被炉火连续熏烤了好几个冬季后木窗木壁散发出来的松香气息。木壁上挂着弓箭马鞍，充满着草野霸气；那一种，不是气息了，是一种慈母老者的纯净微笑和难懂语言，虽然不知意思却让你身心安顿，滤净尘嚣，不再漂泊；这一种，是两位素颜淑女静静地打开了一座整洁的檀木厅堂，而廊外的灿烂银杏正开始由黄变褐"。普洱茶的功效、口味、深度，让人一旦喝上普洱茶、喝对普洱茶，就再也放不下。

二、普洱茶传说与故事

（一）孔明兴茶

在云南普洱茶地区，流传着这样一个传说，诸葛亮南征来到西双版纳的南糯山，手下军士患眼疾，药物供应不上，对行军影响很大。于是诸葛亮将手杖插在山上，手杖生根发芽，长出粗壮的青枝绿叶。将士们采集树上的叶子煮水饮用和洗眼之后，眼睛便复明了。那手杖长成的树即为茶树。诸葛亮当年种的茶树，被称为"茶王树"，那座山被称为"孔明山"，当代人尊崇诸葛亮为"茶祖"。每年旧历七月十六日孔明出生这天，当地民族为纪念孔明，以茶赏月，放"孔明灯"，举办"茶祖会"，以此纪念"茶祖"和"茶王树"。

❦ 孔明烹茶

（二）叭岩冷

布朗族传说，布朗族先人发现了一种野菜，当时人们把这种野菜当作"佐料"，并称这类"佐料"为"得责"。布朗族祖先吃的食物大部分是生的，或是用火烧出来的野生动物肉，食用后体内较热，疾病较多，吃了"得责"这种"佐料"后，觉得身体舒服一些，眼睛明亮，头脑清醒，因此"得责"这种"佐料"逐渐成为生活中不可缺少的食物。但是那时这种"得责"稀少珍贵，于是布朗族头人叭岩冷等人对"得责"进行人工种植和移栽。在游猎中，发现"得责"便记上标记、记好地点，进行人工管理和保护，在管理中他们还发现用草木灰施在"得责"的根上，味道更好。他们摘下果实带回部落住地进行人工种植和发展，野生"得责"逐渐变为人工种植的"得责"。为了与其他野菜分开使用，叭岩冷给"得责"取了一个特殊的名字叫"腊"，意为绿叶，并为后来傣族、基诺族和哈尼族僾尼人、卡多人所借用，均称茶为"腊"。

随着人们对"腊"的认识的加深，对"腊"的利用越来越广泛，需求量也越来越多，到859年"腊"的种植出现了较快的发展，从房屋周围种几棵开始不断向四周扩大，最后出现连片开垦，大面积种植的新阶段。

叭岩冷

叭岩冷临终前曾嘱咐部民说："到我死后，留下金银终有会用完之时，留牛马牲畜，也终会有死亡时，留下这宝石和茶叶给你们，可保布朗人后代有吃有穿。"

布朗族的《祖先歌》中有唱词唱道："叭岩冷是我们的英雄，叭岩冷是我们的祖先，是他给我们留下竹棚和茶树，是他给我们留下生存的拐棍。"如今的澜沧、景迈乡、芒景、芒洪及周围的五个布朗族村寨，寨民都是叭岩冷属民的后裔，他们共同祭祀叭岩冷，1950年以前，每年农历六月初七，寨民们要到原叭岩冷居住的遗址处祭祀一次，叭岩冷被布朗族尊为种茶始祖。

可见，在布朗人民的心目中，叭岩冷也已经是一位被神化的种茶始祖了。茶叶就这样走入了布朗人的生活，并逐渐向外传播，直到今天，成为一种世界性的饮料。从叭岩冷倡导种茶起，迄今已经千余年，澜沧景迈、芒景布朗村寨附近方圆几十里都有茶树，这里生产的茶叶，色泽新颖，味道醇正，倍受饮茶爱好者的青睐。明清以来，布朗族山寨景迈茶山一直是重要的普洱茶产区，今澜沧景迈栽培型万亩古茶林，仍然生机勃勃，年年采茶，中外闻名，参观者众多。

（三）茶马互市

我国康藏属高寒地区，海拔均在三四千米或以上，糌粑、奶类、酥油、牛羊肉为藏民的主食。高寒地区需要摄入热量高的食物，但又缺少蔬菜，糌粑燥热，过多的脂肪在人体内不易分解，而茶叶既能够分解脂肪，又防止燥热，因此藏民

在长期的生活中，养成了喝
酥油茶的高原生活习惯。藏
区不产茶，而内地，民间役
使和军队征战都需要大量的
骡马，藏区和川、滇边地则
产良马。于是，具有互补性
的茶和马的交易即"茶马互
市"便应运而生。这样，藏
区和川、滇边出产的骡马、

❤ 茶马古道

毛皮、药材等和川、滇及内地出产的茶叶、布匹、盐和日用器皿等，在横断山区
的高山深谷间南来北往，流动不息，并随着社会经济的发展而日趋繁荣，形成一
条延续至今的"茶马古道"。

三、普洱茶诗词与歌赋

（一）普洱茶诗词

我国既是"茶的祖国"，又是"诗的国家"，普洱茶已有数千年历史，早已
渗透进诗词之中。普洱茶诗词，大体上可分为狭义的和广义的两种。狭义的是指
"咏普洱茶"诗词，即诗词的主题是茶，这类诗词较少；广义的是不仅包括咏普
洱茶诗词，还包括"有普洱茶"的诗词，即诗词的主题不是普洱茶，但是诗词中
提到了普洱茶，这类诗词较多。

1.古代咏普洱　清代，云南山河秀美，物产丰富，气候宜人，是一方人间
天堂。在这片古老的土地上，孕育了大气深邃的普洱茶品。清代和民国时期的文
人雅士与普洱结缘，撰写了一首首关于普洱茶的魅力诗篇。

《烹雪用前韵》

清　爱新觉罗·弘历

瓷瓯瀹净羞琉璃，石铛敲火然松屑。

明窗有客欲浇书，文武火候先分别。

瓮中探取碧瑶瑛，圆镜分光忽如裂。

莹彻不减玉壶冰，纷零有似琼华缬。

驻春才入鱼眼起，建城名品盘中列。

雷后雨前浑脆软，小团又惜双鸾坼。

独有普洱号刚坚，清标未足夸雀舌。

点成一椀金茎露，品泉陆羽应惭拙。

寒香沃心欲虑蠲，蜀笺端研几间没。

兴来走笔一哦诗，韵叶冰霜倍清绝。

  清代乾隆皇帝这首《烹雪用前韵》描写了晨饮用雪烹普洱茶的全过程，对皇宫品茶环境、氛围、茶具、燃火、取瑛、观沸、烹煮、品赏、感受、评论、吟哦描写生动，诗中用"烹雪用前韵"表达了对普洱茶极致的喜爱。乾隆皇帝可说是一位品茶大师、鉴赏大师在论普洱茶道。

《采茶曲》

清　黄炳堃

正月采茶未有茶，村姑一队颜如花。秋千戏罢买春酒，醉倒胡麻抱琵琶。

二月采茶茶叶尖，未堪劳动玉纤纤。东风骀荡春如海，怕有余寒不卷帘。

三月采茶茶叶香，清明过了雨前忙。大姑小姑入山去，不怕山高村路长。

四月采茶茶色深，色深味厚耐思寻。千枝万叶都同样，难得个人不变心。

五月采茶茶叶新，新茶还不及头春。后茶哪比前茶好，买茶须问采茶人。

六月采茶茶叶粗，采茶大费拣工夫。问他浓淡茶中味，可似檀郎心事无。

七月采茶茶二春，秋风时节负芳辰。采茶争似饮茶易，莫忘采茶人苦辛。

八月采茶茶味淡，每于淡处见真情。浓时领取淡中趣，始识侬心如许清。

九月采茶茶叶疏，眼前风景忆当初。秋娘莫便伤憔悴，多少春花总不如。

十月采茶茶更稀，老茶每与嫩茶肥。织缣不如织素好，检点女儿箱内衣。

冬月采茶茶叶凋，朔风昨夜又前朝。为谁早起采茶去，负却兰房寒月宵。

腊月采茶茶半枯，谁言茶有傲霜株。采茶尚识来时路，何况春风无岁无。

🌿 茶农采茶

《普洱蕊茶》

清　汪士慎

客遗南中茶，封裹银瓶小。

产从蛮洞深，入贡犹矜少。

何缘得此来山堂，松下野人亲煮尝。

一杯落手浮轻黄，杯中万里春风香。

《园中闲步》

清　徐世昌

戏水回环路几叉，绿萝门巷老夫家。

台阶细碎生幽草，荒陇稀疏开野花。

偶与词人饮文字，亦逢农叟话桑麻。

日常行饭还酣睡，睡起一瓯普洱茶。

《咏普洱茶》

清　无名氏

普洱名茶喷鼻香，饮茶谁识采茶忙。

若怜南国采茶女，忍渴登山与共赏。

《滇园煮茶》

清　阮元

先生茶隐处，还在竹林中。

秋笋犹抽绿，凉花尚闹红。

名园三径胜，清味一瓯同。

短榻松烟外，无能学醉翁。

《长句与晴皋索普洱茶》

清　丘逢甲

滇南古佛国，草木有佛气。

就中普洱茶，森冷可爱畏。

迩来入世多尘心，瘦权病可空苦吟。

乞君分惠茶数饼，活火煎之檐葡林。

饮之纵未作诗佛，定应一洗世俗筝琶音。

不然不立文字亦一乐，千秋自抚无弦琴。

海山自高海水深，与君弹指一话去来今。

《普中春日竹枝词十首（之四）》

清　舒熙盛

鹦鹉檐前屡唤茶，春酒堂中笑语哗。

共说年来风物好，街头早卖白堂花。

2. 当代咏普洱　普洱茶在当代的发展过程中，积累了很多的文学作品，作者从不同的角度吟咏了普洱茶乡之美、种茶采茶之乐、制茶饮茶之道等内容，为丰富和发展普洱茶文化做出了贡献。

《咏普洱茶》

张宝三

普洱名茶誉四方，一杯足使满堂香。

茶姑惜爱春深绿，剪取春光运远洋。

《咏普洱茶》

文若

天下茶乡第一村，茶名普洱久传闻。

物饶地利千山碧，时泰民康万户春。

雅友相邀芳远逸，佳人对饮味犹真。

何须远学仙家术，信手一杯便出神。

《赞普洱茶》

全德茶

灵山秀水吐香茗，日月精英润芳魂。

一杯解暑松峰顶，两碗驱寒屋阁厅。

入药沥壶馨品意，通筋走脉喜沾唇。

慕饮嫦娥抛桂酒，人间天上贺升平。

《普洱茶吟》

沈信夫

休道灵芝草，何如普洱茶。

滇南钟秀气，赤县孕奇葩。

陆羽三杯赏，卢仝七碗夸。

环球堪一绝，昔贡帝王家。

《云茶颂》

周红杰

香悠卓不群，茗味至醇真。

养身又益心，生活宜常饮。

滇中土生金，茶里现乾坤。

最是健康品，佳饮映彩云。

《烛景摇红·普洱茶》

李茂荣

阅尽沧桑，千年嘉木生南国。

武侯杖插六山葱，瑞草银生属。

九晼芳兰支馥，皓月轮、君臣共沐。

金瓜百载，"女儿"传奇，《红楼》争读。

润泽甘醇，琼浆一啜三生福。

消脂降压建奇勋，鹤龄筹添屋。

窈窕霓裳仙曲，笑妲娥、焉能争酷。

八方称颂，七子饼香，五洲同掬。

Yunnan Pu-erh Tea

赵萍

How could I forget you

At that starry night?

A lady in purple dancing at tango tea.

Ti-ti-ti,Ti-ti-ti,

Flying long black hair,

Brush over my face,

Touch deep into my soul.

（二）普洱茶歌赋

1.普洱茶歌　普洱茶出产于云南边疆少数民族地区，孕育发展了数千年，能歌善舞的边疆人民在长期种茶、采茶、制茶、卖茶、饮茶的过程中，创作出丰富的茶歌，这些茶歌既勾勒出当时的时代背景，反映民风、民俗，同时也是普洱茶缘另一种生动活泼的表现形式，是对生活真谛的哲思。

《茶水泡饭》

(傣族民歌)

阿哥呦！欢迎你到妹的家中歇脚，

妹的家里呦！只有红锅炒黄花，

只有清水煮野菜，只有粗盐拌饭吃呦！

只有一碗茶泡饭，阿哥若嫌妹家穷，

请把黄花拿喂鸡，请把野菜拿喂猪，

请把盐巴拌饭喂黄牛呦！

请把茶水泡饭还给妹……

《雷打不动》

（纳西族之歌）

客来坐起一碗茶，少女手上一杯茶，

喝下暂且解疲乏，莫管味道佳不佳。

早茶一盅，一天威风；

午茶一盅，劳动轻松；

晚茶一盅，提神去痛。

一日三盅，雷打不动。

《采茶歌》

（西双版纳傣族民歌）

喂诺！采茶的姑娘心高兴，采茶采遍每座茶林。

就像知了远离黏黏的树浆，无忧无虑好开心。

我们要以茶为本，年年都是这样欢欣。

❀ 采茶歌

喂诺！青青茶园歌声飞扬，歌声伴着笑声郎朗。

笑声是这样喜悦和甜美，声声在茶林中回荡。

姑娘的歌声哟！让采茶的人们心欢畅。

《像茶色那样金黄》

（门巴族之歌）

你把香茶煮上，

你把酥油搅上。

你我爱情若能成功，

就会像茶色那样金黄。

《茶山男女对歌调》

（凤庆民歌）

（女）想郎不见郎的家，只望清明茶发芽。

（男）郎住高山妹在坝，要得相会要采茶。

（女）阿哥想诉心中事，半吞半吐总害羞。

（男）阿妹聪明有风流，一说一笑一低头。

（女）郎似山中红茶花，爱山爱水更爱家。

（男）小妹伶俐顶呱呱，白草帽插红茶花。

（女）迎春桥下水汪汪，雨后春茶绿满山。

（男）妹是春尖郎是雨，润妹心来润妹肝。

（女）非是阿妹好打扮，我是明前春尖正抽条。

《采茶求亲调》

（双江民歌）

（男）：哥家住在勐库坝，采茶缺个勤快人。

诚问阿妹心可愿，嫁到哥家来采茶。

（女）：妹采茶来哥背箩，贴心话儿互相说。

想采茶花莫怕刺，上门提亲请媒婆。

《茶人情歌》

(作者不详，聂耳作曲)

（男）：茶树发芽啊遍山青，问妹一句知心话。

　　　我想妹妹到如今，不知答应不答应？

（女）：明月当空哟遍山黄，谁家大姐不想郎。

　　　有心约郎山顶会，只怕堂上二爹娘。

（男）：叫声情妹呀你放心，女大当嫁男当婚。

　　　只要你心合我意，不怕爹娘不答应。

（女）：只要郎有好心肠，奴便自己作主张。

　　　年年明月当空照，但愿地久与天长。

茶人情歌

2. 普洱茶赋　普洱茶赋中梅曾亮的《普洱茶赋》是目前发现的普洱茶赋中较早的文献。

李镜《宽和茶赋》

"庚寅霜降之日，西蜀锦官之城。芙蓉沉醉，黄菊缤纷。牌楼高矗，红彻一方热土；……随茶烟之飘曳，纳瑞气之氤氲，探品啜之真谛，讴文化之传承。

品饮之道，以宽为体，把盏之间，以和为魂。……《易》云：君子以厚德载物；俗谓：贤士用盛意延宾。七碗过后，心胸因澄澈而宽厚；心扉洞开，天宇由浩瀚而无垠。……"

第八章

普洱茶品牌培育与管理

一、品牌培育或创建过程

（一）普洱茶品牌的发展历史悠久

作为世界茶树原生地的中心地带和中国茶文化的重要发祥地区之一，云南有着悠久的茶叶种植和加工历史。早在1 000多年前，以云南省普洱市、西双版纳州、临沧市为中心的周边大部分区域内种植生长的"云南大叶种"茶树为基础，加工制成的普洱茶成为云南普洱茶发展的起点和摇篮。

茶叶生产的发展与社会经济的发展紧密联系着，在云南随汉武开发西南地区，设置郡县，将西南地区统一纳入中国版图后，滇茶成为边疆向内地输送之物。经三国、两晋南北朝四百年发展，种茶、贩茶由川滇不断沿金沙江向东传播，茶叶由药用过渡到广泛饮用，从而进入社会各阶层人士生活中。

云茶的生产与贸易紧密联系在一起。唐朝时期，普洱茶通过"茶马古道"不断销往四面八方，普洱茶文化也在贸易中得到了传播。直至元代，云茶成为云南市场交易的重要商品。

最开始用于交易的晒青绿茶由于外形松散，不利于运输和贮藏，人们便想办法将其压制成饼、砖、沱等紧压茶。随着普洱茶贸易的不断发展和扩大，逐渐形成了集散地、马帮、以茶易物、贡茶、茶马古道、茶马司、茶马驿等相关产业信息。到了明代已有"普洱"的地名称谓，当时的普洱市已是个大集散地，在此交易时"攸乐山""南糯山""易武""景迈山""勐库"等现在市场上常常听到的一些代表普洱茶品质的名词就开始作为品牌的雏形出现了。

清代，因贡茶需求不断增大，清政府对六大茶山的管理及发展茶叶生产措施加强，西双版纳茶区成为云南主要贡茶和边销茶生产地区。直至清末民初，由于西方列强入侵，社会动荡加剧，茶马古道及茶叶销路中断，普洱茶逐渐走向衰落。

（二）普洱茶品牌的成熟与发展

中华人民共和国成立以后，20世纪50～60年代，云南省人民政府致力抓茶叶发展，垦复老茶园，发展新茶园，并重点发展云南大叶种红茶和绿茶，以满足国际茶叶市场的需要。

自20世纪90年代开始，普洱茶一度成为当时市场的热点，特别是我国的广东、香港以及台湾地区，这些地方对普洱茶的市场需求量极大地推动了普洱茶品牌的发展，许多优质普洱茶品牌相继出现，如大益、下关沱茶、戎氏、陈升号等，众多的普洱茶品牌的崛起，才使原本模糊不清的普洱茶品牌的分类逐渐明朗起来。这段时期主要是社会力量和公众热情推动普洱茶品牌、公共品牌的发展。政府出台了两套地方标准，宏观指导了普洱茶发展方向。2006年10月颁布的云南省地方标准——《普洱茶》（DB53/103—2006）中对普洱茶作出了明确的界定："普洱茶是云南特有的地理标志产品，以符合普洱茶产地环境条件的云南大叶种晒青茶为原料，按特定的加工工艺生产，具有独特品质特征的茶叶。"普洱茶分生、熟两类，生茶是经杀青、揉捻、日光干燥、蒸压成型等工艺制成的紧压茶，其品质特征为："外色泽墨绿、香气清纯持久、滋味浓厚回甘、汤色黄绿清亮、叶底肥厚黄绿。"熟茶是以晒青茶为原料，采用特定工艺经后发酵加工成的散茶和紧压茶，其品质特征为："外形色泽红褐、内质汤色红浓明亮、香气独特陈香、滋味醇厚回甘、叶底红褐。"

普洱茶地理标志拥有者是云南省普洱茶协会，一个为普洱茶热应运而生的非营利性社团组织。该组织成就了真正意义上的普洱茶公共品牌，是政府和茶企业间的桥梁。地方标准突出了普洱茶加工工艺及品质特征，突出了普洱茶的历史与文化内涵，对千百年来普洱茶散乱无序的加工工艺、众说纷纭的品质特征以及与普洱茶相关产业、经济、文化中的混淆、混乱之词有规范作用。

二、品牌的管理政策、制度与法规

（一）普洱茶品牌的管理政策

《中华人民共和国商标法》对地理标志的定义是："地理标志，是指标示某商品来源于某地区，该商品的特定质量、信誉或者其他特征，主要由该地区的自然因素或者人文因素所决定的标志。"我国自1994年开始将地理标志纳入商标法律体系予以保护，2001年修改后的《商标法》使我国的地理标志保护达到了与有关国际规则相适应的水平。

2008年6月，中华人民共和国国家标准《地理标志产品 普洱茶》（GB/T 2111—2008）出台，该标准于2008年12月1日正式实施，为现行的普洱茶国家推荐标准。《地理标志产品 普洱茶》（GB/T 22111—2008）标准规定了地理标志产品普洱茶的地理标志产品保护范围、术语和定义、类型与等级、要求、试验方法、检验规则及标志、包装、运输和贮存。适用于国家质量监督检验检疫行政主管部门根据《地理标志产品保护规定》批准保护的普洱茶。

依据《地理标志产品 普洱茶》（GB/T 22111—2008）的界定，只有以地理标志保护范围内采用特定的加工工艺制成的云南大叶种晒青茶为原料，并在地理标志保护范围内采用特定的加工工艺制成的才能称为普洱茶。该标准中的地理标志保护范围为云南省普洱市、西双版纳傣族自治州、临沧市、昆明市、大理白族自治州、保山市、德宏傣族景颇族自治州、楚雄彝族自治州、红河哈尼族彝族自治州、玉溪市和文山壮族苗族自治州11个州市所属的639个乡镇。

（二）普洱茶品牌的管理制度与法规

"普洱茶地理标志"管理机构——云南省普洱茶协会，由云南省全省普洱茶生产、加工、流通、科研、教学、监督、管理等单位和个人自愿联合组成。作为行业管理协会，云南省普洱茶协会已向国家市场监督管理总局商标局核准注册"普洱茶"地理标志证明商标，并于2007年7月1日开始启用"普洱茶"证明商标。

云南省普洱茶协会负责制定与实施《"普洱茶"地理标志证明商标使用管理规则》，负责对使用该证明商标的产品进行跟踪管理，并协助有关机关、部门调查处理侵权、假冒案件。《"普洱茶"地理标志商标使用管理规则》中规定：

1. 使用"普洱茶"证明商标的产品，其生产地域范围应符合中华人民共和国国家标准《地理标志产品 普洱茶》（GB/T 22111—2008）确定的普洱茶地理标志产品的保护行政区划。前述标准变更的，以最新标准为准。

2. 使用"普洱茶"证明商标的产品，其加工制造过程及产品品质必须符合中华人民共和国国家标准《地理标志产品 普洱茶》（GB/T 22111—2008）。前述标准变更的，以最新标准为准。

3.对未经普洱茶协会许可，不可擅自在茶叶产品及其包装上使用与"普洱茶"证明商标相同或近似的商标或标识。如违反，普洱茶协会将依照《中华人民共和国商标法》及有关法规和规章的规定，可提请工商行政管理部门依法查处或向人民法院起诉；对情节严重，构成犯罪的，可报请司法机关依法追究侵权者的刑事责任。

《地理标志产品 普洱茶》标准是对整个普洱茶产业的肯定、支持，更是一种鞭策。标准的实施规范了云南普洱茶的原料来源、生产加工、质量检验和储运销售，使之标准化，有利于提高产品的质量控制，为产品抽检、质量监测、风险分析、打假治劣、维护消费者权益提供了法定依据，维护了普洱茶市场竞争秩序的公平，保护普洱茶生产者、销售者和消费者的利益，保障普洱茶产业健康持续发展，有力地推动了普洱茶茶叶向前发展。

地理标志，既是产地标志，也是质量标志，更是一种知识产权。《地理标志产品 普洱茶》标准的实施有利于强化普洱茶的品牌保护，有利于在市场流通消费环节中的品牌识别，使普洱茶与其他茶类品系区隔开来，进而提升产品的竞争力和附加值。不仅提高了普洱茶自身特殊品质的防卫能力，而且为普洱茶占领国内外市场配备了精良的现代武装，使其在激烈的市场竞争中能够彰显出普洱茶自身的优势、品质独特的魅力与积淀厚重的民族茶文化分量，对推动普洱茶走出中国，走向世界具有重大的意义。

第九章

普洱茶企业与地方经济发展

云南是世界茶树的发源地，是普洱茶的原产地，从云南马帮进京开始到现在，普洱茶已经从中国茶界走进普通大众的生活。近年来，云南省大力推进普洱茶产业发展，不断加强品牌建设，取得一定成效。

一、产业组织与经营体系

据统计，2018年云南省茶叶总产量39.83万吨，普洱茶公共品牌价值达到61.40亿元，在全国茶类品牌中首次跃居第一位，普洱茶产业的品牌影响力大幅提高，这是对云南省普洱茶品牌建设的肯定。

在外界推动和内部自发驱动下，茶叶产业组织整合加速。部分产区企业出现严重分化，一些品牌企业借助前期品牌影响力或者模式创新，实现了逆市快速发展，部分转型较慢的企业经营状况日益恶化，企业抱团、合作、并购案例逐渐增多，产业外资金也抓住产业调整的机遇，强势进入茶产业。普洱茶组织形式多样，生产主体以茶农为主，主要有一家一户的茶农、茶商或茶叶大户、委托加工基地以及有一定生产规模的茶厂，传统的生产方式和加工方式是普洱市茶叶生产方式的基本特点，普洱茶经营体系主要有4种类型。

①"农民＋农民"，主要表现为：一部分农民在家搞生产，一部分农民在外搞销售。通过亲戚关系维持产、供、销产业链，或自产自销。

②"茶厂＋农户"，主要表现为：茶园由农户自行管理，茶厂按一定标准收购鲜叶，进行加工、生产、销售。

③"市场＋农户"，主要表现为：在市内建立一定规模的茶业交易市场，茶农通过这个市场与外界大市场相联系。

④"公司＋基地＋农户"，公司入驻茶产地，从种茶、收茶的各个环节入手，与村民签订合约，一年三季的茶叶都由公司负责收购，茶叶的品质和销路都有了保证，形成了长期稳定的"公司＋基地＋农户"合作模式，惠及周边少数民族茶农增收致富。

普洱茶产业经营模式逐渐开始多元化，茶产品创新也有所增多，茶叶市场更加细分，茶叶衍生品市场备受重视，茶叶饮用方式和功能愈益多样化。普洱茶产业作为直面消费者的市场主体，在中国茶业品牌战略推进中，起着市场竞争的排头兵作用。目前，大多数普洱茶企业仍然处于规模小，品牌价值不高等境地。随着"一带一路"的持续推进，世界竞争格局形成，作为茶叶种植产地的云南，在供给大于需求的消费环境里，将面临越来越激烈的市场竞争局势，普洱茶企业品牌在未来亟待塑造品牌形象、提升品牌影响力、提出品牌价值观，更好的发展普洱茶产业。

二、流通与贸易

依据产品的品质和价格的不同，可把茶叶市场分为高、中、低端市场。依据消费场所不同，可以分为专业场所消费和其他场所消费市场。依据购买用途的不同，可以分为饮用市场、礼品市场、投资市场、工业消费市场等。按消费者的不同特点及购买动机综合分类，大体可分为个人消费市场、旅游消费市场、礼品消费市场、团体消费市场、专业场所消费市场、投资市场、工业消费市场，不同的市场消费者需求不同，形成不同的市场特征，准确把握各个市场的特征对产业发展具有重要意义。

按消费者所处地域的不同可将市场分为国内市场和国外市场两大类，每个大类按地域标准还可再进一步细分。我国栽培和饮用茶叶的历史悠久，普洱茶作为历史名茶，全国各地都有一定的消费市场。

（一）主要普洱茶流通渠道

1. 茶叶专卖店　茶叶专卖店是普洱茶零售市场的主力军。茶叶专卖店最初的产生是由于流通体制改革后市场的开放，一些茶场、商贩在销区或产区设立茶叶专卖店推销茶叶产品。目前，茶叶专卖店已经成为消费者购买中高档茶叶的理想场所，也成为生产者推销茶叶的理想场所。

专卖店由于只经营茶叶产品，相对来说茶叶的种类等级较为丰富，给消费者提供了多样化的选择。茶叶专卖店半开放式的销售方式及多数与茶叶产地相联系，从事专业化经营，产品质量相对有保证，特别是茶叶专卖店基本以店为品牌的情况下，更重视质量、服务。从茶叶生产经营者来讲，通过茶叶专卖店不仅有利于树立品牌，而且还可以直接与消费者进行信息沟通，及时掌握市场信息，提高产品竞争力，满足消费者不断变化的消费需求。

2. 网上商城、零售店

互联网时代，传统的产品销售模式已经远远跟不上时代的步伐。大数据、云计算已成为产品运营、品牌管理的新手段、新模式，网上商城能将商品以更好的形式展示给消费者，不仅仅是一个卖产品的窗口，更是一个品牌传播平台，同时也是一个收集消费者大数据的数据采集端。

茶叶作为重要的农业经济作物，在国内外均有广阔的销售市场，因此，不断有茶叶企业开始尝试采用电子商务模式来扩大茶叶产品销售。

茶叶专卖店

淘宝网

茶叶批发市场

天猫淘宝店2017年"双十一"普洱茶的成交额较2016年高出4.24%，位于所有茶类成交额的第一名，全部普洱茶品牌茶交易指数中，排在前三名的依次为：第一名大益，第二名的雨林古茶，第三名小罐茶。

在"互联网＋"的时代，探索新型渠道，建设普洱茶品牌组合，制造产品新体验，让消费者多角度的了解产品，才能让普洱茶品牌价值获得更大的提升空间。

3. 茶叶批发市场　近几年，我国茶叶批发市场建设得到广泛的重视，几乎所有的产茶省份，都建立了茶叶批发市场。在北方一些重要的茶叶集散地，也有规模不等的茶叶批发市场。茶叶批发市场在我国茶叶流通中发挥越来越突出的作用。

茶叶批发市场是普洱茶流通的主要渠道之一，主要分为产区批发市场和销区批发市场。

产区批发市场大多是在过去集贸市场基础上发展起来的，也有一些茶叶批发市场是政府有组织建设的，主要是毛茶交易为主，经营的品种以当地产的茶叶为主，专业性强，具有收集茶叶的功能。销区批发市场主要是对外销售普洱茶产品的，如昆明的康乐茶城、雄达茶叶市场、山东济南茶叶批发市场、北京的马连道茶叶市场、广州的芳村茶叶批发市场等。销区茶叶批发市场主要是批发业务，在城中心的茶叶批发市场也从事零售业务。市场为综合性市场，以当地传统消费习惯品种为主，各种茶叶产品均由销售。

❦ 茶博会

4. 茶博会 普洱茶作为一个健康的产品，符合当今世界的主流消费观念。然而近年来的普洱茶热却更多地停留在商业流通渠道环节，消费者没有得到足够的重视，茶博会可以开拓普洱茶流通渠道，打开普洱茶市场。第十一届中国云南普洱茶国际博览交易会实现交易额6.8亿元，六场巡展活动实现交易额10多亿元。同时，省外，云茶经销商、代理商也在不断增加，云茶的知名度和影响力得到进一步的扩大。

5. 其他零售方式 茶叶零售商业组织，除茶叶专卖店、网上商城、零售店外，还有农贸市场、综合性购物场所、百货公司等。此外，超市、便利店等新型零售形式的迅速发展也增加了茶叶的销售渠道，方便了消费的购买，促进了茶叶的销售。另外，茶叶消费场所在茶叶零售，尤其拉动茶叶消费中的作用不容小视。据调查，全国各类茶艺馆、茶楼、茶坊等公共饮茶场所达5万家以上，这些消费场所，不仅本身能够消费、零售部分茶叶，而且对茶文化的宣传、推广及茶叶消费市场的扩大起到推动作用。

❦ 茶室

（二）普洱茶的出口贸易

普洱茶的国外市场主要是港澳台、韩日及东南亚地区，这些地区与大陆文化渊源深厚，历史上已经形成了普洱茶的消费群体，这些地区普洱茶消费增长很快。2006年，香港成为云南普洱茶出口的第一大市场，共对港出口1 065吨，价值434万美元，对韩国和东盟出口增幅都超过1倍，其中对韩国出口307吨，增长了46.6%，金额422万美元，增长了1.47倍；对东盟出口330吨，增长了1.05倍，金额293万美元，增长了1.29倍。其他地区，都还有待进一步加大开拓和培育市场的力度。

据海关统计，2018年中国茶叶出口量为36.47万吨，同比增长2.7%，出口金额为17.78亿美元，同比增长10.4%。1—3月，普洱茶出口759吨，金额655万美元，均价8 626美元／吨，同比分别上升47.20%、82.44%和23.94%。

近些年来，云南省普洱茶的出口贸易发展较快，然而在茶叶出口流通过程中也出现了茶叶产业缺乏科学合理规划、交通设施不够完善、茶叶产品市场混乱、茶产品质量安全体系不完善等问题。普洱茶走出国门是云南开拓国外市场的优势所在，只有解决现存问题，提升茶叶龙头企业的带动作用，积极培育茶叶龙头企业；规范茶叶交易平台建设进一步明确云南茶叶品牌商标，不断加强茶叶质量安全体系建设，提升监管水平，加大对茶叶产品的检验执法力度，规范茶叶企业的生产经营，防止不合格的茶叶出口，使云南的茶叶品牌更具国际竞争力，有效地拓宽茶叶市场，促进云南普洱茶出口贸易的可持续发展普洱茶出口，使云南茶叶产业得到良性的可持续发展。

三、代表性龙头企业概况

"2018中国茶叶企业产品品牌价值评估"项目中，有效评估161个茶叶品牌，有六成的品牌所在企业为市级以上农业产业化重点龙头企业，其中，国家级农业龙头企业18个，省级农业龙头企业80个，市级农业龙头企业的品牌数量为55个。品牌总价值为356亿元，平均品牌价值为2.21亿元，60个品牌的品牌价值居于平均水平以上，占整体有效评估品牌数量的37.27%。

（一）大益茶业集团

大益茶业集团是中国集生产、销售于一体的现代化大型茶业企业，集团母公司为云南大益茶业集团有限公司，成员企业包括勐海茶厂（勐海茶业有限责任公司）、东莞大益茶业科技有限公司、北京皇茶茶文化会所有限公司等。

大益茶业集团自成立以来，以传承为根基，以拓展为血脉。茶为健康之饮，以其绿色生态及富含对人体多种有益物质，被誉为21世纪的天然饮品。以"奉献健康，创造和谐"为使命，遵循"共赢合作""创造和分享价值"的发展原则，秉承"一心只为做好茶"的制茶精神，为全球消费者提供高质量的茶叶产品及茶生活服务，并致力于引领中国茶产业发展至国际水平，提升并弘扬中华优秀茶文化。

（二）勐海陈升茶业有限公司

勐海陈升茶业有限公司2006年建于美丽的西双版纳勐海县工业园区，公司拥有被各界称道的一流硬件配套设施，建筑面积两万多平方米，是集普洱茶精制加工、生产、销售及茶文化和民族风情旅游为一体的生态环保型综合企业。

企业由茶界知名大师主持产品研发，在充分发扬勐海独特制茶技艺和发酵工艺的同时，注重传统工艺和现代技术的融合，将确保茶原料的纯正品质和提高产品卫生标准视为企业生命保障，公司坚持以品质品牌诚信服务为宗旨，坚持茶与茶文化相结合、茶与民族风情相结合，茶叶加工工艺与艺术观赏相结合，茶农加基地加企业相结合的道路。

（三）云南下关沱茶（集团）股份有限公司

云南下关沱茶（集团）股份有限公司前身为于1941年创建的云南省下关茶厂，位于云南省大理市下关，苍山洱海优良的生态环境，成就了下关沱茶的优良品质。

20世纪50年代，大理地区创办的数十家大小茶叶商号，通过公私合营全面并入下关茶厂。目前，公司拥有当今世界先进的茶叶加工设备和一大批专业技术人员及管理人才，是农业产业化国家重点龙头企业和国家扶贫龙头企业，国家边销茶定点生产和原料储备企业。公司作为国家民委、国家经贸委等七部委指定的边销茶定点生产企业，自建厂以来产品一直销往西南、西北等少数民族地区，深受藏、彝、回、傈僳、普米等民族同胞的喜爱，产品包括各种紧压茶、绿茶、特种茶、袋泡茶共四大类近200个品种。

（四）澜沧古茶有限公司

澜沧古茶有限公司位于云南省普洱市澜沧县。公司前身是澜沧县古茶山景迈茶厂，始建于1966年，自成立以来，一直依靠景迈山的千年万亩古茶园和邦崴古茶树群为原料，凭借40余年的种茶、制茶经验和技术，生产纯正地道的普洱茶，其香独特，汤红明亮，品质优异，产品畅销国内多个省市，部分产品销往马来西亚、日本、韩国、法国、德国、美国、波兰、新加坡等国家和地区。2003年该公司通过欧盟FLO"国际公平交易"认证。2005年普洱市人民政府确定澜沧古茶有限公司为普洱茶产业龙头企业。

（五）云南南涧凤凰沱茶厂

云南南涧凤凰沱茶厂创建于2005年，是一家以"公司＋基地＋农户"，集茶叶研发、生产、销售为一体的大型民营企业。拥有一套先进的普洱茶生产线机械装备，拥有一批普洱茶生产技术过硬和经验丰富的专业加工技术人员和高素质管理和营销人员。

云南南涧凤凰沱茶厂在无量山区有一个联营基地"景东文华农场"，不同规格品种50多个，年设计总产量5 000吨，总产值10 000万元。产品主要销往北京、上海、广东、陕西、甘肃等地及韩国、马来西亚、新加坡等国家。主要产品为"鑫凤凰"系列：鑫凤凰、老林牌等沱茶、砖茶、饼茶及珍藏礼品茶。

（六）云南龙生茶业股份有限公司

云南龙生茶业股份有限公司坐落思茅区，是国家扶贫龙头企业，农业产业化经营重点龙头企业，是目前国内经营茶园面积十万余亩的茶叶企业。

龙生企业文化："龙"是中华民族的图腾，是中国人勇往直前，奔越腾飞的民族精神象征。龙生，一方面体现了龙生茶业传承与播撒"龙"的精神，使之生生不息。另一方面体现了龙生茶业创立者祥云降雨、龙腾虎跃的气魄，引领云南普洱茶产业进入一个崭新未来的不懈创新。

"龙生产品，普洱天下"。龙生严格把控普洱茶加工工序的每个环节，认真做好每个细节，全程实施严格的品质控制管理体系。公司主要产品包括绿茶、普洱茶、茉莉花茶、乌龙茶、红茶在内的各类茶叶产品，拥有"茶叶种植—茶叶加工—茶叶销售"完整产业链。公司凭借突出的资源优势，并运用经过多年生产实践积累和总结形成的一套完备、成熟的茶园管理标准和茶园生产管理体系，能够有效地控制生产成本，并全过程保证产品质量，形成了公司的核心竞争力，其中一批名优茶屡获殊荣。

（七）云南双江勐库茶叶有限责任公司

勐库戎氏茶厂的前身是创办于1993年的勐库茶叶配制厂。拥有"勐库牌""青岗牌""忙波牌"三大品牌商标，主要的茶区为勐库大雪山和半坡冰岛山。现已覆盖整合可摘茶园面积达到5.40万亩，其中有机茶园1.08万亩，无公害茶园4.30万亩，年加工生产能力1万余吨，产品为农业农村部茶叶质量监督检验测试中心定点监测产品。

公司一直以生产"一品、安全、卫生、健康"的茶叶产品为己任，强调基地建设同生产线改造相结合，公司创立了"公司+基地+协会+农户"的四位一体模式，将基地视做"茶叶生产的天然第一车间"，从源头抓品质，鲜叶采集像是进厂集中加工，实现普洱茶制作工艺全流程的严格监管，食品卫生安全得到保障、工艺技术统一规范，确保产品质量。所生产的优质普洱茶屡次斩获包括"云茶杯"金奖在内的多座行业重量级奖项。2003年开始连年获得国家茶叶质量监督检测中心的"无公害放心普洱茶"认证。2005年被云南省采用制作普洱茶系列标准样。也是全省首批通过QS认证的五家普洱茶企业之一，被国家认定为"农业产业化国家重点龙头企业"。

（八）滇之坊实业有限公司

滇之坊实业有限公司成立于2010年6月，是一家集茶科技研究、茶产品研发、茶文化传播等为一体的综合高新技术型普洱茶企业。公司作为国家自然科学基金项目的科研成果转化平台，能够精准快速地掌握普洱茶科研新动向、新成果，并将其应用于企业产品的开发、生产、营销等多方面，从而在众多茶企中脱颖而出。

滇之坊实业有限公司与周红杰名师工作室基于科技普洱系列（LVTP、GABA普洱茶）的基础，建立起长期的科研、技术合作关系。多年来，专注普洱茶并积极探索普洱茶的新健康价值，运用先进的科学技术和科学模式进行研发、销售、推广普洱茶，并奉行"传承、创新、科学"的理念来促进普洱茶产业，在探索普洱茶健康领域的道路上永不止步。

❧ 大益茶业集团

❧ 云南勐海陈升茶业
有限公司

❧ 云南下关沱茶（集团）
股份有限公司

❧ 澜沧古茶有限
公司

❧ 云南南涧凤凰
沱茶厂

❧ 云南龙生茶业股份
有限公司

❧ 云南双江勐库茶叶
有限责任公司

❧ 滇之坊实业有限
公司

四、对地方经济与扶贫攻坚的贡献

云南省茶叶栽培历史悠久，全省129个县市区中有110多个县市区产茶。近年来，普洱市委、市政府对普洱茶产业的发展高度重视，围绕名、特、优产品开发，着力打造"世界茶源、中国茶城、普洱茶都"的普洱品牌，把茶产业作为普洱市地方经济发展的支柱产业之一。

据统计，勐海县现注册的茶叶生产、销售企业2 122户，全县有中国驰名商标、中华老字号、国家级产业化龙头企业1个、云南省著名商标9件、云南省名牌产品5件、规上茶企8家。普洱市省级龙头企业数量12个、州市级龙头企业数量19个、初制所数量1 056个、专业合作社796个。思茅区茶叶生产企业189个，省级龙头企业3个，普洱茶生产加工企业82家。临沧市通过国家生产许可（QS）的茶叶生产企业185户；获有机茶生产认证企业28户，出口食品生产注册企业19户，ISO认证企业14户，HACCP认证企业7户，国外引进的CTC茶生产线30条……普洱茶作为培育地方优势特色、加快山区农民脱贫致富的重要产业，促进地方经济发展。近十年来，普洱茶产量、产值不断取得新的突破，产业带动农户经济与地方经济的发展，逐渐成为贯穿第一、二、三产业的产业体系，着重发展普洱茶产业的同时，结合普洱茶文化推动旅游业，成为普洱茶产茶地区的主要经济来源。

作为茶叶的一个品类，普洱茶有其独特之处，在普洱茶风潮日渐兴盛的今天，云南省各级政府把普洱茶列为地方经济发展的支柱产业。茶叶的生产企业由于要靠近资源都是建在茶叶的种植区内，茶叶的种植区都在偏远山区，普洱茶产业作为精准扶贫的产业为地区扶贫攻坚做了很大的贡献。2018年云南省茶叶面积630万亩，采摘面积600万亩，茶叶总产量39.83万吨，综合产值843亿元，较去年增长13.6%，茶农人均来自茶产业收入达3 630元，较去年增加10.7%。产业扶贫效果进一步体现，成为实实在在的脱贫致富的大产业，云南南涧凤凰沱茶厂的联营基地"景东文华农场"，其茶园面积4 000多亩，带动周围种茶农户16 800多户，农户种茶面积43 000多亩。云南省云龙县宝丰乡大栗树茶厂"支部＋企业＋农户"助力脱贫攻坚，于2010年成立党支部以来，带动了云龙及永平周边600

多户群众种植茶叶，同时给周边农户剩余劳动力创造了大量的管理、生产、采茶岗位，形成了茶厂与地方群众互利双赢的良好发展格局。目前整个茶园面积达27 000多亩，年产茶叶鲜叶2 500吨，大栗树茶厂每年向这600多户农民支付鲜叶款3 000多万元，并提供了2 000多个就业岗位，有效地解决了周边县份永平、弥渡的部分剩余劳动力，实际解决了老百姓生活中的实际困难，最终实现了大栗树茶厂辐射范围内的茶区老百姓的增收致富。

茶叶产业是云南的传统优势产业，历年来，茶叶作为云南省的生命产业，对茶区经济社会的协调发展做出了极大的贡献。普洱茶是云茶产业中的重要产业之一，未来发展道路上，应更加注意培养龙头企业，带动企业集中化，企业应利用各类培训基地和项目，对广大茶农、企业员工，实施普洱茶产业链的全过程培训，提供岗位，鼓励本科、大中专毕业生到企业就业，解决就业问题，帮助解决中高级人才紧缺的问题，保障云南普洱茶产业的可持续发展。

普洱茶品牌			
B	八角亭	柏联普洱	博友	八方茶园
C	陈升号	车顺号	茶王茶业	茶马司
D	斗记	帝泊洱	滇之坊	大益

（续）

F				
	福元昌	福今茶业	福安隆	福元号

G		
	国皓	高顶古茶

H	
	合和昌

J			
	俊仲号	今大福	津乔普洱

L				
	李记谷庄	老同志	澜沧古茶	龙生
	龙润	六大茶山	拉佤布傣	老曼峨

（续）

L	龙园号	郎河普洱		
M	勐库戎氏	勐傣	勐乐山	蒙顿茶膏
P	普秀			
Q	七彩云南			
R	润元昌			
S	双陈普洱	岁月知味		

T			
	天弘	天泽无量	
W			
	五正		
X			
	下关沱茶	鑫凤凰	祥源茶
Y			
	雨林古茶坊	云源号	易武同庆号
Z			
	中茶普洱	正皓	

第十章

普洱茶产业创新与未来发展

一、普洱茶种植创新

（一）创新种植模式——生态立体化茶园

我国在生态茶园建设方面，已经有许多经验可借鉴，如江苏的湿地松、梨桃复合茶园，湖南的柑橘茶园，以及茶树—葡萄—食用菌立体栽培的复合茶园等。云南省的景迈万亩古茶园建立了一个较好的茶园种植模式，同时也取得了良好的社会、经济与生态效益，值得借鉴。以茶树为主体，立体种植，多种植物或菌类组合，这是生态立体茶园的重要种植形式。在茶园内交错种植高大的乔木为茶树提供遮阴，遮阴树的树种可以选择松树、杉树、水冬瓜树等，茶树下种植牧草或者其他作物。在茶园发展养殖业，养殖鸡类等家禽，以减少病虫的危害和降低茶树农残。由于一般茶园的茶树较低矮，且在湿度大、漫射光多的环境中生长出的芽叶嫩，品质较好。因此可通过在茶园中种植乔木或矮生植物，以及茶园周围建立防护林，来改善茶园的生态环境。这样一方面可以使茶园中生物种类增加，维持茶园生态环境的平衡，从而增强茶园抵御害虫的能力，抑制病虫害的发生和蔓延。另一方面使茶园植被增加，可防止茶园的水土流失，还能提高茶园对光能的利用率。茶园中可引进鸡、兔、羊等动物进行养殖，立体生态茶园在创造巨大生态效益的同时，还创造了一定的经济效益和社会效益。云南省有条件的茶区应广泛征集、鉴定出符合当地环境条件的林木树种，从而筛选出优良树种，供茶园搭配种植。如适宜云南省普洱地区种植的茶园间作树种有天竺桂、桃、李、柿、澳洲坚果、樱桃、香樟树等。间作树种的种植密度也是生态茶园建设的关键因素，直接影响着茶园的结构茶树的长势。所以，应根据茶树品种、茶树的生长情况和季节的不同而灵活掌控。能够改善茶树生长与发育的因子，都可引入到生态茶园系统中。茶树的种植密度也很关键，种植的行间距和株间距以创造适宜茶树生长条件为导向，并依据不同树种以及不同季节做适当的调整，以优化生态茶园的结构，提高茶园的整体生产能力。

（二）创新栽培管理——建立有机种植标准

目前，云南省茶园基地建设普遍存在管理落后、茶园规划不合理、病虫害防治机制不健全等现象，这些茶园基地建设的滞后很大程度上阻碍了云南茶产业的创新与发展，但已有一些现代化茶企业通过改变观念，集成创新管理与研发，加强茶园投入，建立了一套较为完善的有机化种植标准。例如，云南帝泊洱生物茶集团有限公司通过构建立体生态茶园，使得茶园形成多层次立体结构，构成茶树与其他植物、动物、微生物稳定的生态平衡系统，避免了农药和化肥的使用，达到有机茶园标准，茶园内茶树多以独立野放姿态生长，采摘后加工成的普洱茶安全洁净，滋味浓郁。

❦ 有机茶园

二、普洱茶加工创新

（一）普洱茶初制加工创新——清洁化、自动化茶叶初制流水线

现阶段，云南省的茶产业初制加工企业数量较多，但规模普遍较小，尤其在生产、加工和销售等环节都呈现出竞争无序、布局分散、环节多、损耗大、成本高的局面，难以形成规模效益。因此，创新开发适合大叶种茶的鲜叶加工生产线，使传统的制茶工艺能够采用先进的设备实现自动化、清洁化的生产。在节能方面，可采用大面积高透光玻璃幕顶，并配合相应的技术，充分利用太阳能，让每一片茶叶都充满"阳光的味道"。要真正实现标准化、清洁化生产，就要做到生产过程可控制，从而有效避免茶叶的二次污染。还可以建立大叶种

普洱茶加工车间

机采茶的技术体系，从茶叶加工的源头减少成本投入，以及提升茶叶加工的整体经济效益。

（二）创新普洱茶发酵技术

随着普洱茶发酵技术相关研究的发展，人们发现了普洱茶生产过程中微生物的发酵作用对其品质的形成起着决定作用。若离开了微生物的转化和湿热作用，晒青毛茶难以形成普洱茶特有的陈香和红浓明亮的汤色。近年来，一些现代化茶企业已经开始在传统渥堆发酵的基础上，利用分子生物学技术与传统的微生物培养相结合开展机械化发酵研究，建立微生物菌种库，分离出各类影响普洱茶发酵的菌株。在发酵技术措施方面，创新机械化发酵技术，实现自动潮水，保湿、控温，以及自动匀堆，这样一方面节省劳动力，另一方面茶叶品质也更加稳定一致。采取离地式发酵还可以改善发酵环境，使普洱茶的生产环境更加卫生和安全，从而实现普洱茶加工清洁化生产。

三、普洱茶包装创新

近年来，随着云南普洱茶产业的强劲发展，普洱茶的包装设计也成为一个新的热点，云南的普洱茶企业也越来越重视普洱茶包装的设计和生产。在云南的茶叶市场走一圈就会看到种类丰富的包装。各种茶盒、茶罐的制造材料已不再是单一的绵纸、笋壳，有稀有金属材料制作，有红木精雕细刻，有用竹皮、竹条编织的，还有用民间手工制作的（如建水的紫陶罐、东巴纸制作的礼盒等）。同时，小袋包装的普洱茶越来越多，特别是袋泡茶和各种方便包装的茶品。包装材料工业的发展，不仅为普洱茶包装提供了优良的材料，而且还促进了设计师实现各种构想；本书笔者在《浅析云南茶叶包装的特点及发展趋势》中谈到：云南茶叶之所以不如内地的茶叶品牌有名气，在很大程度上是和云南茶叶的包装有关。云南普洱茶的包装如果要树立自己独特的视觉形象，不但要继承优良的传统文化，并要具有好的创新设计理念；这一方面体现在对传统材料和传统文化的继承，另一方面也体现在设计观念和手法的创新。

（一）包装材料的创新

随着市场中普洱茶逐渐作为馈赠礼品和日常饮用品，现代茶企业越来越重视普洱茶外包装的设计。传统的普洱茶包装，如饼茶、沱茶、砖茶等紧压茶的内包装多采用机制绵纸、牛皮纸，有的七子茶饼还用高档丝绸，也有的砖茶依然使用环保而实用的竹笋叶进行包装；散茶的内包装一般采用牛皮纸或锡箔纸。一些散茶的包装采用无毒塑料食品袋和硬纸盒或纸筒，有些茶的外包装还采用彩色硬纸盒、金属茶盒、紫砂罐、竹制盒、木制盒、特种工艺美术纸盒等现代包装材料。还有带民族风味的手工制作陶罐，手工仿皮礼盒等。现代普洱茶包装可谓形式多样。近年来普洱茶的内包装用纸的趋势越来越向高端发展，返璞归真，回归自然，是普洱茶产业的时代潮流。手工纸业发达国家韩国、日本生产的绵纸深受普洱茶商家的青睐，云南少数民族手工纸、纳西族古老的东巴纸，也逐渐成为当今普洱茶外包装材料的时尚选择。

新型包装具有加工精致、用料独特及结构新颖等特点。印度采用轻木为原料制作成木质包装盒；日本将抹茶制成胶囊，给饮用茶叶带来了极大的方便；英国采用仿信封包装的袋泡茶。

（二）包装设计的创新

包装设计的意义在于让商品的生产者通过它来保护商品、展示商品、达到销售的目的。消费者通过它来认识商品、了解商品，从而产生一定的购买欲。设计普洱茶包装时可在普洱茶的地域特点基础上，结合茶艺、茶道、茶具、茶俗等方面进行创新。设计时应充分进行市场观察，将市场需求以文化艺术的形式展现出来。而包装的自我推销这一特性决定茶包装设计要以人为本，通过图形、文字、色彩和材料、造型的视觉作用，清晰地标出茶的用途、功能与各种特性，从而达到良好的展示效果。

1.图形设计创新　现代茶叶包装图形设计中，以国画作为主体图案的很多。许多茶叶包装都以中国画装饰、吉祥图案以及民间剪纸、少数民族图案等具有民族文化气息的传统元素来表现茶叶的文化特性。茶叶包装可通过运用传统的中国传统元素来表现茶叶的传统特点，但不能停留在照搬或复制阶段，要通过不断的创新，适当改造传统图案，将传统艺术的细腻、传情等特点融入其中。另外，运用点、线、面及各种几何曲线抽象构成画面也是一种很好的表现方法。此外，还可以通过照片准确真实地再现茶叶内包装的商品形态，使消费者一目了然，给人以信赖感和亲切感。

在传统的艺术基础上可以采用现代的手法，如夸张、对比、扩散等进行创造，使艺术效果更为强烈，更能以物传情。

2. 文字装饰创新　茶文化与汉字书法二者都是中华民族智慧的象征，它们之间本身有着密切的联系，因此用书法字体作为茶叶包装的视觉元素的确是恰到好处，如国际品牌茶叶——立顿茶，在其茶包系列中的一款中国风味茶，为了充分展现立顿的国际性形象却又不致使立顿与中国茶有格格不入之感，特以"若闲情"作为副品牌名，且以毛笔书写其品名很有东方特色，深受中国消费者的喜爱。

在茶叶包装方面运用书法能使茶的清香淡雅与书法的墨韵相结合，达到形和意的表达，运用书法艺术到包装设计也是有自然相通的意味。然而，书法字体在茶叶包装上并不是随便采用的，而是需要经过一番推敲及设计来达成的，并不是直接采用书法字体进行简单的拼贴和挪用，而是在书法的基础上使局部发生变化，达到一种清新、自然、脱俗的雅观，比如，把茶字设计成茶具或是茶杯的形状，让人就知道是茶类商品，以文字来包装茶，可从茶道、茶艺以及茶文的书面风格来采用书法类型。应特别注重文字的识别性，可以在采用宋体、楷体等基础上进行设计，以营造独具匠心的茶叶包装设计在广大受众中留下深刻印象。

3. 色彩搭配创新　在茶叶包装设计的用色上，除了要考虑商品的品种、档次、适用场合外，还要考虑消费者的审美和习惯，根据茶叶产品的不同品种选用色彩将很大程度上加强它的视觉冲击力。比如红茶应选用暖色调，使人有浓郁温暖的感觉；绿茶和花茶用比较清新淡雅的色调，体现其清香馥郁、鲜爽甘甜的特色；乌龙和普洱则用浓重的深色调，给人醇和厚重的感觉；白茶适合选用柔和的白色或淡粉色为底色，反映出它温馨柔滑的特质；黑色与黑茶名称相呼应，体现出古老厚重的底蕴。在黑茶包装中除了吉祥喜庆的包装风格被消费者普遍青睐外，以棕褐色和黑色为主的包装，呈现出一种古朴厚重的感觉，也同样受到消费者的喜爱。

在茶叶包装设计中还有一部分采用亮色，比如白色、金色等，这些明亮色彩的运用使画面更加有视觉效果，同时也很好地保留了茶的韵味。

近年来，普洱茶作为商品进入市场，受到消费者广泛的喜爱，选择恰当的形式进行包装，不仅可以很好地存储普洱茶，还能使普洱茶的价值增加。如今，普洱茶与现代人生活的联系日益密切，在普洱茶的营销过程中，茶叶包装不仅能够很好的保护茶品不受损坏，同时也能较好的传播茶文化。普洱茶包装所呈现的文化对消费者对普洱茶的认知及价值观起着重要的引导作用。所以，采用更加新颖的包装样式来包装茶叶，有利于增强普洱茶在市场中的竞争力，使普洱茶产业更加健康有序的发展。

四、普洱茶市场与质量监督体系的创新

（一）依托电商开拓发展新道路

近年来，电子商务对于传统市场和消费模式产生了较大的冲击，互联网平台的迅速发展壮大，使电商成为云南普洱茶的一股新势力。

目前，从普洱茶B2C网上交易规模上看，天猫、京东、当当等综合性电商平台占了整个交易规模的90%，而垂直的茶企业公司销售网站仅占大约10%。从经营模式上来看，普洱茶的垂直B2C厂商大体可以分为两类，一种是整合全产业链的运营模式，从茶园的种植采摘、加工、仓储，再到线上的普洱茶产品销售和配送等服务。另一种为专注做线上销售，通过与茶企业合作的方式解决货源问题，而B2C企业主要负责销售网店的运营工作。另一方面，由于市场的需求，普洱茶的B2B平台也从信息门户向销售或半销售平台转变。例如，以中国普洱茶交易网为代表的专业普洱茶B2B网站，为不同层次的普洱茶厂商发展电商业务提供了较合适的网上销售平台和品牌展示平台，较大的提升了普洱茶电子商务的发展。

（二）创新能源利用途径——构建循环经济体系

近年来，国家提倡构建循环经济，在茶产业中，引入和构建循环经济体系对于茶产业的可持续发展具有重要意义。例如，帝泊洱生物茶集团有限公司在茶珍产业链生产中，对茶渣、茶珍生产过程回流水、生产过程分离的沉淀，以及茶花、茶籽、修剪叶、碎茶和细末等副产品进行再利用，提高了茶叶资源的综合利用率。对茶渣成分进行研究分析，将茶渣处理后应用到造纸、制作工艺品、建筑材料方面，开发成膳食纤维和蛋白质等重新利用，并作为有机肥的主要原料。将茶树修剪叶进行成分研究后，开发功能性食品或提取功能性成分如茶多酚、咖啡因、膳食纤维和蛋白质等。

（三）普洱茶产业质量体系建设创新

在普洱茶创新发展之路上，除了完善和创新普洱茶种植、生产加工以外，还应进行质量检验标准的创新，在符合食品相关标准的基础上，将相应的感官标准和理化指标相结合，经验控制与科学量化控制相结合。例如，利用色谱指纹图谱技术，建立普洱茶产品的品质与普洱茶原料的儿茶素类指纹图谱标准，这样可以保证普洱茶内涵品质的稳定；可利用红外宏观指纹图技术，建立普洱茶产品和原料的红外指纹图数据库标准；还可利用色差仪技术和pH仪技术，建立普洱茶产品与普洱茶原料的汤色色差量化标准和酸碱度量化标准，规避色差和酸碱度的人为判断而产生误差；建立电子鼻数据标准，实施人为感官审评和仪器嗅辨相结合，从而提高普洱茶产品和普洱茶原料的感官鉴别准确性。在拼配标准上，实施产品的品质与功效结合，标准样对照审评方法，感官审评与理化分析相结合，这样可以很大程度上保证普洱茶品质的稳定性和可控性。

（四）以创新之路不断引领普洱茶产业发展

以科技发展为基础，不断地创新茶种植和加工，以及不断发掘创新普洱茶的文化内涵，使得新型的茶产业稳步向前发展。在科技与创新思维的引导下，普洱茶的未来将朝着更加便捷、健康的方向发展。未来的普洱茶，我们将喝得更加放心。不会再被茶叶农残、重金属超标等问题困扰，因为标准化的有机种植与加工已成为普洱茶产业发展的一大趋势；未来我们将会把普洱茶喝得更加科学、健康与优雅。

五、普洱茶未来展望

（一）普洱茶的创新发展方向

随着普洱茶产业的不断发展和壮大，普洱茶产业的发展必定要走向现代茶叶发展之路，即以绿色、健康、科技、网络等新时代代名词助力普洱茶产业的发展。未来普洱茶产业的发展必将走向风味普洱、功能普洱、数字普洱、科学普洱、人文普洱、智慧普洱、养生普洱的方向去发展。具体地说就是运用现代新技术和新手段，促进普洱茶向更加规范、多元和健康的方向去发展，使其符合当前大健康时代的要求。

1. 风味普洱　风味普洱的形成是通过特定的加工工艺和技术，通过普洱茶发酵过程中不同优势菌种制成的发酵剂，根据其特有的风味特征，在普洱茶加工过程中进行增减，从而改变茶叶的口感，形成特定的风味。包括单一菌株发酵、组合菌株发酵以及特殊代谢产物菌株发酵等，这些种类不同的发酵剂形成的普洱茶的风味各有自己的特点。比如木霉发酵的普洱茶滋味醇厚回甘，透花木香的特点；酵母菌发酵的普洱茶滋味浓醇甘滑，带有明显的陈香；根霉发酵的普洱茶滋味醇厚甘滑，陈香较浓；黑曲霉发酵的普洱茶则具有滋味醇和，香气陈香的特点等。

2. 功能普洱　从营养功能角度，研究普洱茶的保健功效及其具有保健功效的物质基础；从功能物质角度，开展含功能物质普洱茶的研究，从而研制出具有某种突出功能特性的科学普洱茶及特色普洱茶。如富含洛伐他汀的普洱茶——LVTP，具有降血脂的效果；富含 γ - 氨基丁酸的普洱茶——GABA 普洱茶，具有降血压的功能，以及其他功能普洱茶等。

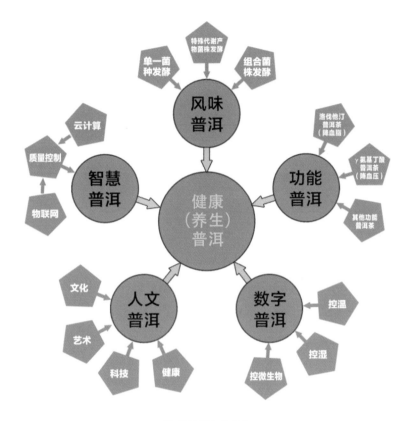

普洱茶未来发展

　　3. 数字普洱　通过对普洱茶发酵设备的创新，达到数字化控温、控湿、控微生物的目的，进而实现普洱茶加工以及仓储过程中的可控化、清洁化和数字化。

　　4. 人文普洱　是以科学普洱为前提，把文化普洱、艺术普洱、科技普洱、健康普洱系统升华，充满着浪漫主义人文关怀和个性化服务的发展阶段。这一阶段，能够根据消费者的各自的特点和喜好调配不同成分、不同香型的产品。通过个性化的服务和人文关怀，形成以人为本的普洱茶生活方式，形成普洱茶产品物质和精神的结合。同时，结合民族茶文化优势，将自然、科学、文化、旅游观光及产品优势整合并转化为市场消费的驱动力。

5.智慧普洱　通过茶叶生产链为基础，信息技术为核心，创建"从茶园到茶杯"全过程链的质量可追溯体系，实现"源头能控制，过程可追踪，质量有保证，安全可追溯"的全产业链体系，使消费者能够获得安全优质的可追溯普洱茶，最终促进茶产业繁荣健康、可持续地发展。

6.养生普洱　养生普洱就是在未来普洱茶的发展中，将风味普洱、数字普洱、功能普洱、科学普洱、智慧普洱融为一体，结合茶叶质量安全追溯系统，应用"互联网＋智慧普洱"，最终实现从茶园到茶杯安全、优质、绿色的普洱茶饮品，让人们可以喝上质量安全可靠、健康养生的普洱茶。

（二）普洱茶未来发展措施

1.发展绿色、生态茶产业　近年来，食品安全不断受到市场消费者的关注，茶叶作为一种饮料，其茶叶食品安全更是受到消费者的重视。2017年，云南省政府发布茶产业行动方案，云茶产业将会继续打好"生态""绿色""安全"这张牌，进一步提高云南省"三品一标"茶叶认证面积，进一步把生态优势、资源优势转化为产业规模优势，再进一步转化为市场优势、品牌优势；文化优势作为云南茶产业发展的特色优势将会更进一步得到发掘，并且文化优势将会为云南茶的市场消费增添助力。未来几年，云南茶产业将会继续以普洱茶为主，红茶、绿茶等多种茶协调发展。跨界发展也成为茶产业的一大趋势，跳出茶做茶，立足茶山扩展产业链，茶与文化、旅游、药、保健等资源结合，产业格局将进一步扩大。

2.利用科技创新提高普洱茶商品向多元化发展　未来云茶加工业将以强化科技支持和人才培养为重点，建设完善科技支撑服务平台，在不断引进和培养科技服务与经营管理人才基础上，加速科技成果转化，发展和强化关键技术研究与攻关，从而达到云茶产业的科技创新水平整体提升的目的。

3.标准化茶叶加工提升普洱茶加工水平　以清洁化、标准化为方向，不断推进茶叶初制、精制和深加工升级改造。其中，茶叶清洁化生产包括茶园环境、茶树种植、茶叶生产加工、茶叶包装、茶叶销售、茶叶保管贮存等几个方面；标准化生产包含了当今按标准生产的无公害的茶叶、绿色食品茶叶和有机茶叶三个方面；运用现有的经济基础、经营管理体系以及一部分大规模企业的精深加工技术，云茶加工业将不断改造升级，从而推动整个茶产业不断发展。

4.利用"互联网＋"金融推动云南普洱茶产业发展　互联网、大数据已在云南省部分企业投入使用，促进了企业管理效率的提升。"互联网＋"是时代发展的新潮流，电商已成为一种重要的生活方式。而茶叶作为一项重要的农产品，在传统产业向电商领域延伸发展过程中是必不可少的。茶企业可以利用互联网数据开展精准营销，以及具有完美的线上购物服务体验。同时未来云茶将深化与金融机构的合作，创新金融产品与融资模式，吸引各类资本进入云茶产业。加快云南国际茶业贸易中心的运营步伐，利用"云茶＋互联网＋金融"的模式推动云南茶加工业的发展。

5.建立健全普洱茶质量安全追溯体系　近年来，加强农产品质量安全控制一直是农业部门的一项重大任务。云南省近几年建立了云南追溯科技平台，其中包括云茶追溯平台，普洱茶作为云南省茶业的最重要的组成部分，最先建立了茶叶质量可追溯体系。消费者通过扫描产品二维码来查询产品细节，包括产地环境、加工环境、加工时间、出厂时间等从茶园到茶杯的全过程追溯，使消费者能够放心消费购买；企业能够通过追溯平台对自己的产品进行市场跟踪，通过市场回馈信息，不断提高栽培、加工技术和管理水平，使企业更加了解自身的产品，并能够随时随着消费者消费习惯的变化而做出相应的改变，从而迎合当前市场，促进企业规范管理，提升经济效益。在生产中加强品质监控，时时改进，不断提升产品质量与品牌形象，不断达到数字化、规范化管理，从而大大提升管理效率，降低管理成本，并提高风险预警能力；经销商则可以通过追溯体系可随时了解产品的销售动态，掌握市场信息，及时作出市场调整；管理部门利用可追溯体系，可实现轻松管理、高效管理，既能轻松了解产品来源与去向，出现问题时也能快速查明问题原因并作出决策，找到事故责任人并追回不良产品，建立管理部门的权威。

6.打造品牌，进一步提高普洱茶公共品牌价值　按照"市场主导、企业主体、政府支持"的原则，统筹推进品牌建设，大力实施"公共品牌＋区域品牌+企业品牌"战略,从而促进茶加工业整体经营管理水平的提升。茶企继续保持对社会资本的吸引力,更多企业谋求进入新三板市场,促进企业规模的提升与品牌建设。

7."一带一路"倡议发展推进普洱茶产业的进出口贸易 云南茶产品具有鲜明的民族特色,在国内外茶叶贸易市场中属于民族文化特色代表产品。云南茶叶加工大企业在"一带一路"倡议区域分布较多,在国际贸易国家中占据重要优势。同时,汇率变化将继续对云南茶业对外贸易产生影响。

参考文献

白芸，2007．云南省普洱茶出口贸易研究．北京：北京林业大学．

曹潘荣，2007．普洱茶品质的地域性差异分析．广东茶叶，6．

陈红伟，2001．云南普洱茶产地及其历史变迁．中国茶叶加工，4．

陈开心，2004．茶在临沧这方沃土上．茶业通报，26（2）．

陈宗懋，1992．中国茶经．上海：上海文化出版社．

陈宗懋，等，1986．中国茶经．上海：上海科学技术出版社．

单秋月，赵燕，2015．茶叶包装的材料选择与外观设计．福建茶叶（6）．

丁以寿，2007．乾隆皇帝《烹雪》诗解注补正——兼与钱时霖、黄桂枢二位先生商榷．农业考古（10）．

冯向阳，2017．建设生态茶园　促进普洱茶产业可持续发展．云南农业（10）:72-74．

郝宗蕾，2014．云南普洱茶产业品牌发展研究．中国市场（17）．

胡晓云，2016．"品牌"定义新论．品牌研究（2）：26-78．

胡晓云，魏春丽，等，2017.2017中国茶叶区域公用品牌价值评估研究报告．中国茶叶(5):04-14．

黄炳生，2016．云南省古茶树资源概况．昆明：云南美术出版社．

吉文娟，张利才，张加云，等，2016．气候变化背景下西双版纳茶区农业气候资源变化特征．西南农业学报，29（12）．

江舟，2010．普洱茶品牌定位研究．昆明：云南大学．

蓝增全，沈晓进，白芸，2008．普洱茶公共品牌的形成与发展．西南农业学报(5):1472-1476．

李和强，2014．普洱茶·云南陶．陶瓷研究，2．

李师程，张顺高，2016．云茶大典．昆明：云南科技出版社．

梁茗志，田易萍，2012. 云南茶树品种志. 昆明：云南科技出版社.

刘宝祥，1980. 茶树的特性与栽培. 上海：上海科学技术出版社.

刘顺航，贾黎晖，高瑛，2015. 科技创新助推普洱茶产业发展探讨. 云南科技管理，
　　28 (1):22-24.

柳思，2013. 可以喝的古董——美丽普洱（下）. 天津社会保险（7）.

卢明德，2008. 云南普洱茶包装设计研究. 昆明：昆明理工大学.

潘志伟，陆志明，2013. 浅谈普洱茶产业的可持续发展——基于资源的可持续利用的
　　视角. 中国农业资源与区划，34 (5):111-114.

浦绍柳，伍岗，2010. 普洱茶膏的制作工艺与评鉴. 蚕桑茶叶通讯， 147 (3).

钱时霖，赏竹，1991. 汪士慎与茶. 福建茶叶 (10).

沙平，2015. 名人与茶. 贵州茶叶（3）.

邵宛芳， 2017. 依托普洱茶品牌效应，促进茶产业集群发展的思考∥云南省科学
　　技术协会，中共普洱市委，普洱市人民政府. 第七届云南省科协学术年会论文集——
　　专题二：绿色经济产业发展. 云南省科学技术协会，中共普洱市委，普洱市人民政
　　府:5.

邵宛芳，周红杰，2015. 普洱茶文化学. 昆明：云南人民出版社.

宛晓春，2008. 茶叶生物化学. 北京：中国农业出版社.

汪秀英，2009. 论品牌价值与经济学价值理论的关系——兼论品牌资产的价值模
　　型. 现代经济探讨 (2):37-41.

王玲，2009. 中国茶文化. 北京：九州出版社.

王正忠，2011. 品牌个性的形成与发展. 当代经济 (16).

吴敏，2013. 云南普洱茶依托电商开拓发展新道路. 中国食品安全报，11-16.

吴睿，2013. 提高云南普洱茶加工技术的探讨. 科协论坛，12.

谢云山，2005. 试论云南茶业现状与出路——以普洱茶为例. 生态经济，1.

徐茂，刘玲，2010. 茶叶包装设计研究. 茶叶通讯，37(2):33-38.

徐梅生，1996. 茶的综合利用. 北京：中国农业出版社.

许玫，王平盛，唐一春，等，2005．云南古茶树群落的分布和多样性．中国茶叶
　　(6)：12-13．

薛玉，徐茜，2010．浅析普洱茶起源传说与历史的关系．黑龙江史志（4）．

杨涛源，2017．普洱故事之"大国茶匠"．今日民族（5）：36-41．

俞永明，等，1996．茶树良种．北京：金盾出版社．

虞富莲，2002．茶树新品种简介．茶叶，28（3）．

云南省农业厅办公室，2017．云南省高原特色现代农业"十三五"茶产业发展规划．云
　　南省农业厅，06-29．

詹英佩，2006．中国普洱茶古六大茶山．昆明：云南美术出版社．

张程，刘蓉华，2014．云南普洱茶包装设计的研究．中国包装工业（6）：60．

张琼姝，2011．普洱茶的传说．云南经济日报（12）．

张新银，2017.2016年云南茶产业发展情况．云南经济日报，01-18(1)．

张玉静，2010．西双版纳普洱茶文化旅游的开发与特色品牌打造．城市道桥与
　　防洪（6）．

章松芬，2014．芒市积极推广茶园机械化促进茶业现代化发展．中国茶叶，3．

赵军，邢明军，2008．区域品牌：一个特指"产业集群"的品牌概念．河北学刊
　　(5)：237-240．

赵苗苗，2017．普洱茶贮藏技术的研究进展//云南省科学技术协会，中共普洱市委，
　　普洱市人民政府．第七届云南省科协学术年会论文集——专题二：绿色经济产业
　　发展．云南省科学技术协会，中共普洱市委，普洱市人民政府，5．

甄永亮，2016．地域文化特征影响下的普洱茶包装设计研究．才智（32）．

中茶，2013．电商成为云南普洱茶发展新势力．云南经济日报，11-20．

中华人民共和国国家质量监督检验检疫总局，中国国家标准化管理委员会，2013．中
　　华人民共和国国家标准：茶叶贮存(GB/T 30375—2013)．北京：中国标准出版社．

周红杰，2004．云南普洱茶．昆明：云南科技出版社．

周红杰，李亚莉，2017．第一次品普洱茶就上手．北京：旅游教育出版社．

周红杰，张春花，单治国，2009.实施国家地理标志产品——普洱茶标准的意义.茶世界（1）.

周士旺，郭思智，2007.地域品牌化在云南普洱茶产业发展中的应用探析.全国商情（经济理论研究），（02）：22-24.

朱谦，顾芹，2016.大数据时代普洱茶的营销策略分析.经济管理（1）：49-50.

后 记

作为一个土生土长的云南哈尼族，从很小的时候开始，记忆里就有了茶香萦绕。我们哈尼族世代种茶、制茶、爱茶、惜茶，茶叶于我们而言，是再普通不过的日常饮品，同时也是给生活带来滋润的重要商品。我从教三十余年，这一生都将与茶，与普洱茶为伴，相互扶持，彼此成就——我受益于普洱茶，也愿一生勤恳，为家乡、为祖国的茶事业奋斗。

普洱茶太过厚重。那丰富蕴藉、细腻悠远的茶香，那醇厚绵柔、刚烈霸气的滋味，甚至于奇妙难测的后期转化，无不令人沉醉、令人着迷。然而，这还远远不够。随着对茶叶风味形成机理的深入探究，对普洱茶加工工艺的不断沿革，我越来越感到"知之有不足"。茶叶本身和茶叶所延伸出的健康价值、次生文化、经济、消费现象等，由表及里，无不亟待探究。

普洱茶太过美丽。普洱茶孕育于山川灵秀的七彩云南，丰富到令人咋舌的多样物种与植被，赋予了普洱茶得天独厚的物质基础。乔木型、小乔木型、灌木型并存，大叶种、中叶种、小叶种杂生，使得普洱茶综合品质成为更加丰富的存在。原料杀青揉捻后日光干燥，日晒的气息不仅没有减损它的风味，反而成为它后续转化的关键。一杯其貌不扬的普洱茶汤，经岁月陈酿展示出的霸气与荡然，何尝不是一种"大巧若拙"的韵味呢？

古昔的普洱茶，更多的是一层人文的韵味。"茶出银生城诸山，采造无时"，彼时盛唐，正是"茶道大行"之时，普洱尚未得名，无名而得以流传济世，其德可谓大。宋之时，边茶易马之法风行，使得普洱茶复又埋名于贩夫马背几多岁月！明清以降，"普洱"自"步日部"得名，名既正则言既顺。于是普洱茶始得朝贡，一朝闻名，宫廷哗然，自此百年，位列上品。

如今盛世，饮普洱之风盛行，普洱茶市场更是前景一片大好。"衣食足而知荣辱，仓廪实而知礼节"，在如今中华民族伟大复兴的关键时期，"国饮"之茶，崛起必然是势之所趋。为什么是普洱茶？因为普洱茶是最丰富的茶。它原料独特、加工奇特、储存讲究、养生最佳、文化多彩……富有茶文化最为宝贵的包容属性和人文价值。

我执教三十余年，与普洱茶有着很深的羁绊。特别是这数十年间，我和我的团队针对普洱茶的种植、采摘、加工、仓储，从茶园到茶杯的每一个细节，都进行了全方位仔细的研究考量。先后承接国家自然科学基金研究项目、省部级科研项目等，从云南省自然科学基金重点项目"云南省普洱茶理化成分及标准"到国家自然科学基金"普洱茶品质形成机理的研究"，执着的脚步踏出了云南茶叶研究在国家基金层面上零的突破。十年前，我主持的"云南特色茶产业化关键技术研究与示范"项目获得国家科技部支撑计划的立项，国家给予的重视程度是我所未能预想到的，也令我感受到了身上责任重大。近些年，躬耕不辍，不敢懈怠，终于陆续取得了些许进展，完成了国家基金、国家支撑计划项目、云南自然和科学基金项目、昆明市科技创新重点项目等相关普洱茶研究（课题）项目16项。内容涉及普洱茶品种的适制性、加工工艺的规范性、加工机械（智能化）可控性、发酵环境（潮水、控温、控微生物、控氧）的数字化，普洱茶加工的风味化等。普洱茶发酵化学的体系，初步建立起来了。

16年前，拙作《云南普洱茶》面世，至今已重印26次，并且在中国台湾、韩国等地陆续出版，反响极大，这也令我无限欣慰。随后，《云南名茶》《云南茶叶冲泡技艺》《普洱茶保健功效揭秘》《普洱茶健康之谜》《云南普洱茶化学》《普洱茶与微生物》《普洱茶文化学》《第一次品普洱就上手》等相继出版发行。绵薄微力，但求为普洱茶产业的健康发展做出一份应有的贡献。也期望更多喜爱茶叶的朋友们能多多关注了解普洱茶，开启健康幸福生活！

这次幸得姚国坤老师邀请，中国农业出版社支持，期望我写一本兼容自然、人文的百科式普洱茶图书，使读者更好地了解"中国十大茶叶区域公用品牌之普洱茶"的品质特性与文化传承，我欣然应允，是此付梓。

为"中国十大茶叶区域公用品牌之普洱茶"做专门著述，所思已久，框架几经修改完善方得以确定。编纂中更是得到茶业界诸多企业家、文化学者、资深茶师傅、茶友等的支持与抬爱，所提意见委实中肯，所与协助委实珍贵！

成书过程艰辛，付梓不易，幸得各方师友垂询补订，特别感谢景迈南康和莱宏、镇沅县农科站罗林松、临沧科技师范学院王绍梅、凤庆彭建忠等无私提供书中部分照片，在此一并致谢！

普洱茶潜力无穷，神奇又美丽，亲切又奥妙，愿与天下茶人共同分享普洱茶带给我的这份悸动！